高等学校智能科学与技术/人工智能专业系列教材

Python程序设计应用与案例

冯　欣 | 主编
史彦丽 | 副主编

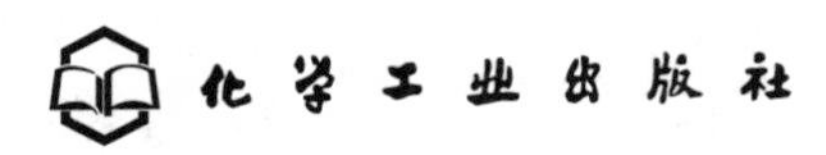

·北京·

内容简介

本书语言通俗易懂，以理论和实际应用结合的方式，深入浅出地介绍了 Python 程序设计的基础知识和开发应用。本书共 10 章，主要包括 Python 编程基础（1～8 章）和 Python 开发应用（9、10 章）两部分内容。其中，编程基础部分通过案例引导的方式对语法基础、数据结构、选择结构与循环结构、函数、面向对象等基础概念进行解释；开发应用部分介绍了三类基础案例：网络爬虫、数据可视化、游戏开发，并提供了相关案例介绍和主要代码，便于读者进行实践操作和进一步学习。

本书可作为普通高等学校理工类非计算机专业 Python 程序设计课程的教材，也可供相关专业技术人员参考。

图书在版编目（CIP）数据

Python 程序设计应用与案例 / 冯欣主编；史彦丽副主编. —北京：化学工业出版社，2023.6

高等学校智能科学与技术 / 人工智能专业系列教材

ISBN 978-7-122-43268-1

Ⅰ. ①P… Ⅱ. ①冯… ②史… Ⅲ. ①软件工具-程序设计-高等学校-教材 Ⅳ. ①TP311.561

中国国家版本馆 CIP 数据核字（2023）第 062682 号

责任编辑：郝英华　唐旭华　　加工编辑：吴开亮

责任校对：李　爽　　装帧设计：史利平

出版发行：化学工业出版社（北京市东城区青年湖南街 13 号　邮政编码 100011）

印　　刷：三河市航远印刷有限公司

装　　订：三河市宇新装订厂

787mm×1092mm　1/16　印张 10½　字数 246 千字　　2024 年 6 月北京第 1 版第 1 次印刷

购书咨询：010-64518888　　售后服务：010-64518899

网　　址：http://www.cip.com.cn

凡购买本书，如有缺损质量问题，本社销售中心负责调换。

定　　价：**39.00 元**

前言

Python是由Guido van Rossum于20世纪80年代末90年代初，在荷兰数学和计算机科学研究所设计出来的高级动态编程语言。Python本身也是由诸多其他语言发展而来的，包括ABC、Modula-3、C、C++、Algol-68和其他的脚本语言等。Python语言在发展过程中，已经逐渐渗透到数据分析、Web开发、测试开发、运维开发、机器学习、人工智能、量化交易等各种专业与领域，被大规模使用。

Python是一门免费、开源、跨平台的高级动态编程语言，具有集成的动态语义，主要用于Web和应用程序开发。Python语言相对简单，易于学习，因为它具有专注于可读性的独特语法。相比其他语言，开发人员可以更轻松地阅读和翻译Python代码，因为它允许团队协作工作而没有重大的语言和经验障碍，所以降低了程序维护和开发的成本。

编译Python程序不仅需要代码正确，还应使得代码简洁、直观、易于理解。Python代码需要编程者严格遵守缩进要求来体现代码间的逻辑关系，更有利于培养学习者养成严谨、规范、认真的良好编程习惯，除了能够快速解决问题，还能够锻炼学习者的思维和实践能力。近年来，多所国内外高校的计算机及相关专业都已开设Python程序设计作为程序设计的入门课程。

本书旨在帮助读者快速入门Python编程，并且能够编写规范、简洁、易于理解的Python代码。希望通过本书，能够让读者深入了解Python编程的基本概念和技能，为以后的Python编程学习和实践打下坚实的基础。

为全面贯彻落实党的二十大精神，本书在编写的过程中，坚持立德树人的根本任务，根据读者特点，考虑学生基础参差不齐，在编写过程中将内容划分为多个任务，并对每个任务再划分多个子任务，“教”与“学”都围绕“做”为中心开展，提高学生自我学习能力；书中代码丰富，编码规范整齐，实例丰富，并结合实例数据的分析处理，旨在提高学生用Python解决实际问题的能力。另外，本书配套的电子课件及实例代码均可提供给使用本书作为教材的院校使用，如有需要，请登录www.cipedu.com.cn注册后下载使用。

第1章Python语言概述。主要介绍Python语言的发展、版本、特点，讲授Python开发环境的安装。

第2章语法基础。讲解Python语言的注释、变量、常用数据类型、字符串，以及运算符与表达式的使用方式等，并列出编码规范。

第3章数据结构。重点介绍简单序列——列表、元组和无序序列——字典、集合这四种常用的数据结构，并且介绍相关修改、添加、删除操作。

第4章选择结构与循环结构。主要讲解条件表达式的常见形式，包含单分支、多分支、嵌套选择结构，for、while 等循环结构。

第 5 章函数。介绍函数的定义与调用方法，不同类型函数的函数参数、变量作用域、生成器函数等。

第 6 章类。主要介绍类的定义与使用、数据成员与方法、继承、导入类。

第 7 章文件操作。主要讲解文本文件的打开、读取、复制、重命名等基本操作。

第 8 章异常处理。详细介绍异常处理的常见表现形式，包含 try/except 结构、主动抛出异常的 raise 和 assert 语句。

第 9 章 Python 数据分析与处理。主要介绍 pandas 的基本操作，并且通过相关案例进行具体讲解。

第 10 章应用案例。本章主要包含使用 Python 语言实现的三类基础案例：网络爬虫、数据可视化、游戏开发。

本书由冯欣主编，史彦丽副主编，许佩迪参编。

鉴于编者水平有限，书中疏漏之处在所难免，恳请专家、同行批评指正，也希望得到读者的意见和建议。

编　者

2024 年 4 月

目录

第 1 章

Python 语言概述

Python 语言是一门优雅而健壮的通用型编程语言，它更接近于自然语言。Python 的特点在于其提供了丰富的内置对象、运算符和标准库对象，而庞大的扩展库更是极大增强了 Python 的功能，其应用几乎已经渗透到了所有领域和学科。本章将介绍 Python 语言的诞生、特点、版本、编码规范、标准库对象与扩展库对象的导入和使用等内容。

本章学习目标

1. 了解 Python 语言的诞生与发展历程。
2. 熟悉 Python 开发环境。
3. 了解 Python 编码规范。
4. 掌握标准库对象与扩展库对象的导入和使用。

1.1 Python 语言简介

1.1.1 Python 简史

Python 语言由荷兰人 Guido van Rossum（吉多·范·罗苏姆）于 1989 年发明，第一个公开发行版本发布于 1991 年。Guido 接触并使用过诸如 Pascal、C、Fortran 等语言。这些语言的基本设计原则是让机器能更快地运行。为了提高效率，程序员必须像计算机一样思考，以便写出更符合机器“口味”的程序。

Guido 希望有一种语言，既像 C 语言能够全面调用计算机的功能接口，又像 Shell 能够轻松地编程。ABC 语言让他看到了希望。ABC 语言是 Python 语言的雏形，由荷兰的数学和计算机科学研究所开发，Guido 也参与了该语言的设计。但 ABC 语言可拓展性差，不能直接读写文件，语法上的过度革新导致它不为大多数程序员所接受，因此传播率较低。

1989 年圣诞节期间，在阿姆斯特丹的 Guido 为了打发时间，开发出一种新的脚本程序，作为 ABC 语言的继承，取名 Python。Python 这个名字源自 Guido 喜爱的一部电视喜剧 *Monty Python's Flying Circus*（《蒙迪·派森的飞行马戏团》）。1991 年，第一个 Python 编译器诞生。它是由 C 语言实现的，并能够调用 C 语言的库文件，具有了类、函数和异常的处理功能，包含表和字典在内的核心数据类型，以及以模块为基础的拓展系统。

1.1.2 Python语言的特点

Python 语言又称胶水语言，它提供了丰富的 API 和工具，以便开发者能够轻松地使用包括 C、C++等主流编程语言编写的模块来扩充程序。就像使用胶水一样把用其他编程语言编写的模块黏合起来，Python 让整个程序同时兼具其他语言的优点，起到了黏合剂的作用。

（1）简单易学

Python 的优势之一就是代码量少，逻辑一目了然。Python 简单易懂、易于读写，开发者可以把更多的注意力放在解决问题本身，不用花费太多时间精力在程序语言、语法上。开发者在学习 Python 语言之初就可以用少量的代码构建出更多的功能，极其容易上手，它能带给开发者一种快速学会一门语言的体验。

（2）免费、开源

Python 是免费、开源的，它可以共享、复制和交换。使用者可以自由地发布这款软件的拷贝，阅读它的源代码，对它进行改动，把它的一部分用于新的自由软件中。

（3）可移植性

Python 程序无须修改就可以在任何支持 Python 的平台上运行。由于 Python 是开源的，因此被许多平台支持。

（4）解释型语言

一个用编译型语言（如 C 或 C++）编写的程序，需要将其从源文件转换为计算机使用的语言。这个过程主要通过编译器完成。当运行程序的时候，系统把程序从硬盘复制到内存中并且运行。而 Python 是解释型语言，在运行时不需要全部编译成二进制代码，可以直接从源代码解释一句，运行一句。在计算机内部，由 Python 解释器把源代码转换成字节码的中间形式，再把它翻译成机器语言并运行。

（5）面向对象

Python 从设计之初就是一门面向对象的语言，对于 Python 来说“一切皆为对象”。如今面向对象是非常流行的编程方式，Python 支持面向过程编程、面向对象编程、函数式编程。

（6）丰富的库

Python 拥有一个强大的标准库，其提供了系统管理、网络通信、文本处理、数据库接口、图形系统、XML 处理等拓展功能。

（7）可扩展性

Python 的可扩展性体现为它的模块。Python 语言具有脚本语言中最丰富和强大的类库，这些类库覆盖了文件 IO、GUI、网络编程、数据库访问、文本操作等绝大部分应用场景。Python 的可扩展性一个最好的体现是，当需要一段关键代码运行得更快时，可以将其用 C 或 C++语言编写，然后在 Python 程序中调用它们。

（8）规范的代码

Python 与其他语言最大的区别就是，其代码块不使用大括号{}来控制类、函数以及其他逻辑判断。Python 语言是“靠缩进控制代码逻辑的语言”，因此必须注意严格缩进，统一的编码规范可以提高程序的开发效率。

1.1.3 Python 语言的应用

（1）操作系统管理和服务器运维

Python 语言具有易读性好、效率高、代码重用性好、扩展性好等优势，适合用于编写操作系统管理脚本。Python 提供了操作系统管理扩展包 Ansible、Salt、OpenStack 等。

（2）科学计算

Python 科学计算扩展库包括了快速数组处理模块 NumPy、数值运算模块 SciPy、数据分析与建模库 pandas、可视化和交互式并行计算模块 IPython 和绘图模块 Matplotlib 等。其他开源科学计算软件包也为 Python 提供了调用接口，例如计算机视觉库 OpenCV、医学图像处理库 ITK、三维可视化库 VTK 等。因此 Python 开发环境很适合用于处理实验数据，被广泛地运用于科学与数字计算中，如数据生物信息学、物理、建筑、地理信息系统、图像可视化分析、生命科学等领域。

（3）自动化运维

在系统运维中，有大量工作需要重复进行，同时还需要做管理系统、监控系统、发布系统等工作，如果将这些工作自动化，将大大提高工作效率。Python 是一门综合性的语言，能满足绝大部分自动化运维需求。一般来说，用 Python 编写的系统管理脚本在可读性、性能、代码重用性、扩展性几方面都优于普通的 Shell 脚本。

（4）大数据、云计算

Python 是大数据、云计算领域最火的语言，典型的应用为 OpenStack 云计算平台。大数据分析中涉及的分布式计算、数据可视化、数据库操作等，在 Python 中都有成熟的模块可以完成其功能。对于 Hadoop MapReduce 和 Spark，都可以直接使用 Python 完成计算。

（5）网络爬虫

网络爬虫（Web Crawler）也称网络蜘蛛，是一种按照一定的规则，自动地抓取万维网信息的程序或脚本。网络爬虫通过自动化的程序有针对性地对数据进行采集和处理，是大数据行业获取数据的核心工具。Python 是目前主流的能够编写网络爬虫的编程语言，Scrapy 是用纯 Python 实现的，它是一个为了爬取网站数据、提取结构性数据而编写的应用框架。Scrapy 架构清晰，模块之间的耦合程度低，可扩展性极强，可以灵活地完成各种抓取数据的需求，只要定制开发几个模块就可以轻松地实现一个爬虫，其应用非常广泛。

（6）Web 应用开发

Python 提供了多种 Web 应用开发解决方案和模块，可以方便地定制服务器软件，提供了 Web 应用开发框架，如耳熟能详的 Django，以及 Tornado、Flask。其中，Python+Django 架构的应用范围非常广泛，其开发速度非常快，学习门槛也很低，能够快速地搭建起可用的 Web 服务。众多大型网站都是用 Python 开发的，如 Google、Youtube、Drop-box、豆瓣网等。

（7）图形用户界面开发

Python 语言中用于图形用户界面（Graphical User Interface，GUI）开发的界面库有很多，如 Kivy、PyQt、gui2py、libavg、wxPython、TkInter 等，用户可以根据需要编写出强大的跨平台用户界面程序。

（8）人工智能

Python 在人工智能领域内的机器学习、神经网络、深度学习等方面，都是主流的编程语言。目前市面上大部分的人工智能代码，都是使用 Python 来编写的。其提供了大量机器学习的代码库和框架，如 NumPy、pandas、SciPy、scikit_learn、tensorflow、Matplotlib 等，这些库和框架也使得 Python 的优势得以强化，因而使其更适用于人工智能领域。

1.2 Python 开发环境安装与配置

1.2.1 Python 版本

1989 年，Guido van Rossum 与荷兰国家数学和计算机科学研究所共同设计了 Python 语言的雏形（ABC）。Python 的设计基于多种计算机语言，包括 ABC、Modula-3、C、C++、Algol-68、SmallTalk、UNIX shell 和其他的脚本语言。

Python 语言的第一个公开发行版发行于 1991 年，目前主要使用的版本是 Python 3.x。Python 3.x 的出现其实是为了解决 Python 2.x 的一些历史遗留问题，如字符串的问题、Unicode 的支持等。

由于 Python 3.x 在设计时未考虑向下兼容，还有很多 Python 2.x 的代码、第三方扩展库不支持 Python 3，因此作为 Python 的初学者，选择合适的版本是首要问题。选择 Python 版本的参考原则如下：

首先，如果开发的应用对 Python 的版本有特殊要求，应该按此要求选择 Python 的版本。

其次，如果在开发中需要使用特定的第三方扩展库，要注意确定是否与选定版本兼容。

最后，由于 Python 3 在 2008 年末推出，较为成熟，因此建议初学者直接学习 Python 3.x。

1.2.2 集成开发环境

Python 是一门跨平台的语言，集成开发环境可以提供 Python 程序开发环境的各种应用程序，一般包括代码编辑器、编译器、调试器和图形用户界面等工具，同时集成代码编写功能、分析功能、编译功能、调试功能等于一体。使用 Python 集成开发环境，可以帮助开发者提高开发的速度和效率，减少失误，也方便管理开发工作和组织资源。常用的 Python 集成开发环境主要有以下几种。

（1）IDLE

IDLE 是 Python 内置的集成开发环境。当安装好 Python 以后，IDLE 就自动安装好了。其基本功能包括：语法加亮、段落缩进、基本文本编辑、Tab 键控制、调试程序等。

（2）Anaconda

Anaconda 是 Python 的一个集成安装包，完全开源和免费。其中默认安装 Python、IPython、集成开发环境 Spyder 和众多流行的用于科学、数学、工程、数据分析的 Python 包，支持 Linux、Windows、Mac 等操作系统平台，支持 Python 2.x 和 3.x，可在多版本 Python 之间自由切换。

Anaconda 额外的加速、优化是收费的，对于学术用途可以申请免费许可。

（3）Eclipse with PyDev

PyDev 是 Eclipse 开发的 Python 集成开发环境，支持 Python、Jython 和 IronPython 的开发。Eclipse + PyDev 插件适合开发 Python Web 应用，功能包括：自动代码完成、语法高亮、代码分析、调试器以及内置的交互浏览器。

（4）PyCharm

PyCharm 是 JetBrains 开发的 Python 集成开发环境，功能包括：调试器、语法高亮、Project 管理、代码跳转、智能提示、自动完成、单元测试、版本控制等，并支持 Google AppEngine 和 IronPython。PyCharm 专业版是商业软件，提供部分功能受限制的免费简装版本。

（5）Wing

Wing 是一个功能强大的 Python 集成开发环境，兼容 Python 2.x 和 Python 3.x，可以结合 Tkinter、mod_wsgi、Django、Matplotlib、Zope、Plone、App Engine、PyQt、PySide、wxPython 等 Python 框架使用，支持测试驱动开发，集成了单元测试和 Django 框架的执行和调试功能，支持 Windows、Linux、OS X 等操作系统。Wing 的专业版是商用软件，也提供了免费的简装版本。

1.2.3 Python 的安装

本书的 Python 程序都是基于 Windows 平台开发的，因此下面讲解如何在 Windows 平台下安装 Python 开发环境，具体步骤如下：

（1）下载安装包

访问 Python 官网 https://www.python.org。如图 1-1 所示，选择“Downloads”下的“Windows”选项，找到需要下载版本的安装包，如图 1-2 所示，点击下载按钮。

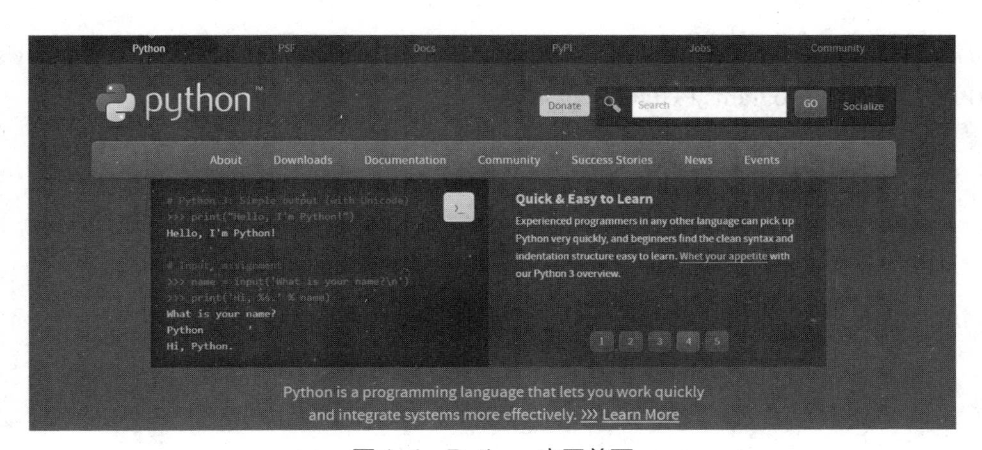

图 1-1　Python 官网首页

（2）安装包

双击下载好的安装包，打开如图 1-3 所示的对话框，提示有两种安装方式，第一种是采用默认安装方式，第二种是采用自定义安装。本次安装选择默认安装方式。

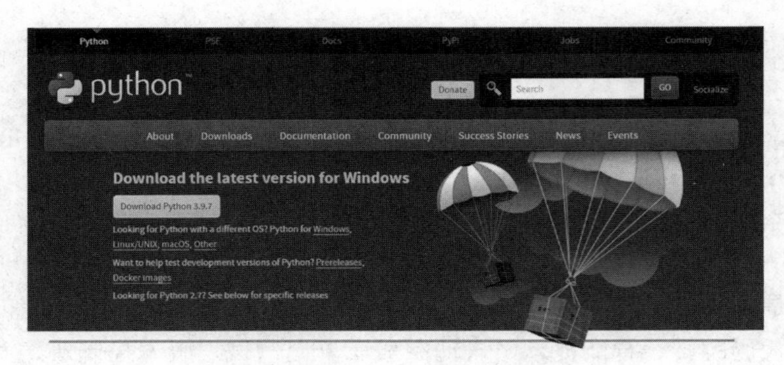

图 1-2　Python 安装包

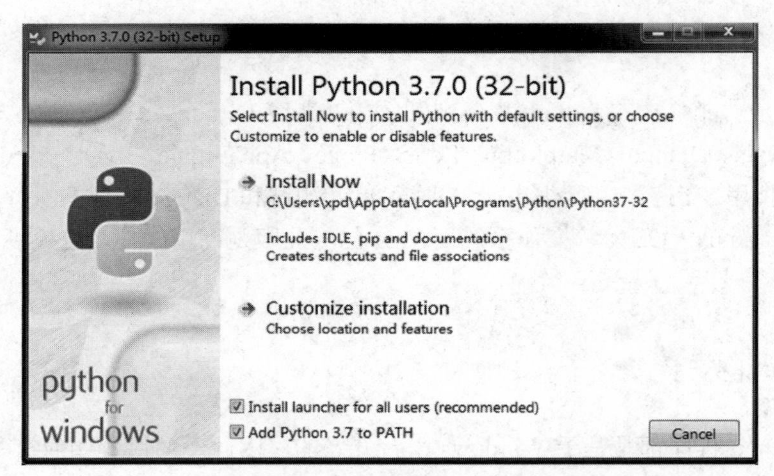

图 1-3　选择安装方式

在选择安装方式时，界面下方有一个“Add Python 3.7 to PATH”复选框，勾选该复选框，安装时将自动配置环境变量，否则需要手动配置环境变量。

（3）开始安装

程序开始以默认方式安装，如图 1-4 所示。Python 将被默认安装到以下路径：C:\User\用户名\APPData\Local\Programs\Python\Python37。

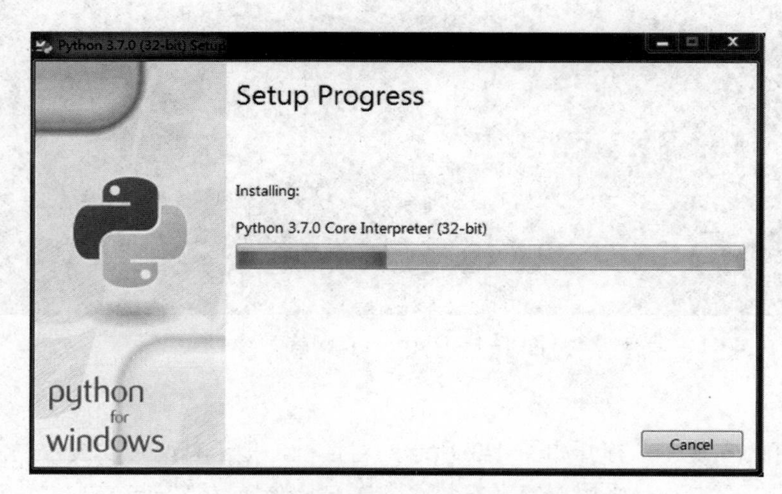

图 1-4　以默认方式安装 Python

（4）安装成功

程序安装成功后，界面如图 1-5 所示，点击“Close”按钮。

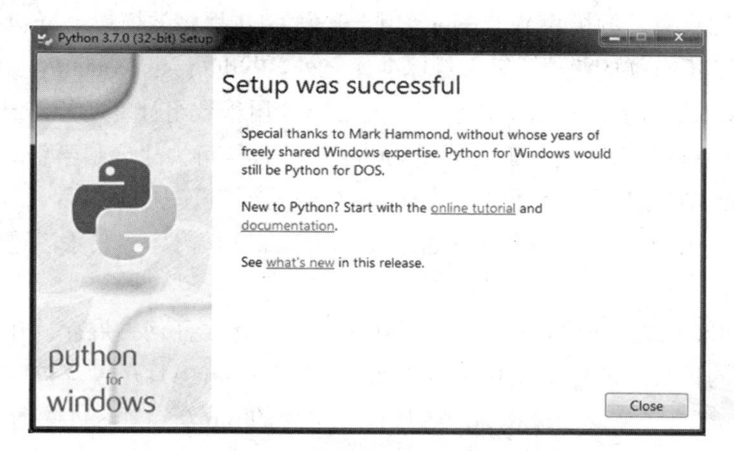

图 1-5　安装完成界面

（5）检查安装

查看 Python 是否安装成功。选择“开始”—“运行”菜单命令，在“运行”对话框中输入“cmd”并按 Enter 键，打开命令行窗口，输入“python”并按 Enter 键，如果出现如图 1-6 所示内容，则安装成功。

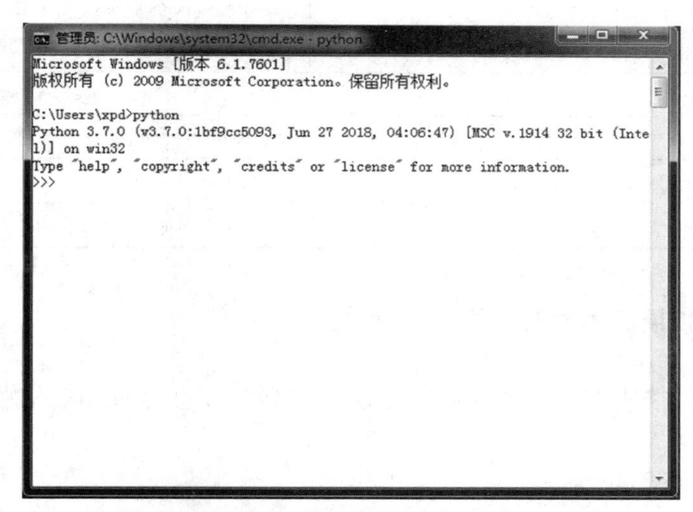

图 1-6　查看是否安装成功

1.3 标准库与扩展库中对象的导入

1.3.1 扩展库

在 Python 中，库或模块是指一个包含函数定义、类定义或常量的 Python 程序文件，一般并不对这两个概念进行严格区分。除了 math（数学模块）、random（与随机数以及随机化有关的模块）、datetime（日期时间模块）、collections（包含更多扩展性序列的模块）、functools（与函数以及函数式编程有关的模块）、tkinter（用于开发 GUI 程序的模块）、urlib（与网页内容读取以及网页地址解析有关的模块）等大量标准库之外，Python 还有 openpyxl（用于读写 Excel 文件）、python-docx（用于读写 Word 文件）、NumPy（用于数组计算与矩阵计算）、SciPy（用于科学计算）、pandas（用于数据分析）、Matplotlib（用于数据可视化或科学计算可视化）、scrapy（爬虫框架）、shutil（用于系统运维）、pyopengl（用于计算机图形学编程）、pygame（用于游戏开发）、sklearn（用于机器学习）、tensorflow（用于深度学习）等几乎渗透到所有领域的扩展库或第三方库。

在标准的 Python 安装包中，只包含了标准库，并不包含任何扩展库，开发人员根据实际需要再选择合适的扩展库进行安装和使用。Python 自带的 pip 工具是管理扩展库的主要方式，支持 Python 扩展库的安装、升级和卸载等操作。常用的 pip 命令如表 1-1 所示。

表 1-1　常用的 pip 命令

pip 命令示例	说明
pip download SomePackage[==version]	下载扩展库的指定版本，不安装
pip freeze [>requirements.txt]	列出已安装模块及版本号
pip list	列出当前已安装的所有模块
pip install SomePackage[==version]	在线安装 SomePackage 模块的指定版本
pip install SomePackage.whl	通过 whl 文件离线安装扩展库
pip install package1 package2 ...	依次（在线）安装 package1、package2 等扩展模块
pip install -r requirements.txt	安装 requirements.txt 文件中指定的扩展库
pip install --upgrade SomePackage	升级 SomePackage 模块
pip uninstall SomePackage[==version]	卸载 SomePackage 模块的指定版本

1.3.2　标准库与扩展库中对象的导入

Python 标准库与扩展库中的对象必须先导入才能够使用，因此需要使用 import 进行相应的操作。

（1）import 模块名[as 别名]

使用 import 模块名[as 别名]的方式将模块导入后，使用时要在对象前加上模块名作为前缀，即“模块名.对象名”。如果模块的名字比较长，那么可以设置一个别名，然后使用“别名.对象名”的方式进行访问。

（2）from 模块名 import 对象名[as 别名]

使用 from 模块名 import *的方式可以一次性导入模块中的所有对象，可以直接使用模块中的所有对象而不需要再使用模块名作为前缀，但是可能导致访问速度较慢。

使用 from 模块名 import 对象名[as 别名]的方式仅导入指定的对象，并且同样可以为导入的对象设置一个别名。这种方式可以减少查询次数，提高访问速度。

1.4 Python 编程规范

Python 是“靠缩进控制代码逻辑的语言”，因此其对代码布局和排版有更加严格的要求。这里重点介绍 Python 对代码编写的一些共同的要求、规范和一些常用的代码优化建议，最好在开始编写第一段代码的时候就遵循这些规范和建议，养成一个好的习惯。

严格使用缩进来体现代码的逻辑从属关系。Python 对代码缩进是硬性要求的，这一点必须时刻注意。在编写代码时，一般以 4 个空格为一个缩进单位，注意不要使用 Tab 键，更不要将 Tab 键与空格键混用。

每个 import 语句只导入一个模块，最好按标准库、扩展库、自定义库的顺序依次导入。尽量避免导入整个库，最好只导入确实需要使用的对象。

最好在每个类、函数的定义和一段完整的功能代码之后增加一个空行，在运算符两侧各增加一个空格，逗号后面增加一个空格。

Python 程序代码的每行最好不要超过 80 个字符，如果语句过长，可以考虑拆分成多个短一些的语句，以保证代码具有较好的可读性。如果语句确实太长而超过屏幕宽度，最好使用续行符“\”，或者使用圆括号把多行代码连接起来表示是一条语句。

书写复杂的表达式时，建议在适当的位置加上括号，这样可以使得各种运算的隶属关系和顺序更加明确。

对关键代码和重要的业务逻辑代码进行必要的注释。在 Python 中有两种常用的注释形式：#和三引号。#用于单行注释，三引号常用于大段说明性文本的注释。

习题

1. 下载安装 Python。
2. 使用 pip 安装扩展库 pandas、openpyxl。
3. Python 程序文件的扩展名是（　　）。

   A. .python　　B. .py　　C. .pyt　　D. .pt
4. Python 语言采用严格的缩进来表明程序的格式框架。下列说法不正确的是（　　）。

   A. 缩进指每一行代码开始前的空白区域，用来表示代码之间的包含和层次关系

   B. 代码编写中，缩进可以用 Tab 键实现，也可以用多个空格实现，但两者不混用

   C. 缩进有利于程序代码的可读性，并不影响程序结构

   D. 不需要缩进的代码顶行编写，不留空白
5. Python 语言属于（　　）。

   A. 机器语言　　B. 汇编语言　　C. 高级语言　　D. 科学计算语言
6. 以下关于 Python 语言注释说法错误的是（　　）。

   A. 单行注释以“#”开头

   B. 多行注释可以用三个单引号或双引号，包括注释部分两端

   C. 单行注释可以放在正常语句同一行的后面

   D. 注释语句也会被执行

第2章

语法基础

Python 内置对象不需要安装和导入任何模块就可以进行使用，在使用 Python 运算符时，要注意很多运算符具有多重使用方法，在作用于不同对象时可能会有不同的体现。正则表达式使用预定义的模式去匹配一类具有共同特征的字符串，可以快速、准确地完成复杂的查找、替换等操作。同时本章将介绍字符串的概念和用法，以及字符串的常用方法。

本章学习目标

1. 掌握内置函数的用法。
2. 掌握正则表达式基本语法。
3. 掌握字符串格式化方法。
4. 掌握字符串常用方法。
5. 熟练运用运算符、内置函数对字符串进行操作。

2.1 常用内置对象

2.1.1 常量与变量

所谓常量，是指不能改变的字面值，例如，一个数字 3.0j，一个列表[1,2,3]，一个字符串"Hello World."，一个元组（4,5,6)，都是常量。而变量一般是指值可以变化的量。在 Python 中，不仅变量的值是可以变化的，变量的类型也是随时可以发生改变的。在 Python 中，不需要事先声明变量名及其类型，赋值语句可以直接创建任意类型的变量，并且 Python 允许同时为多个变量赋值。

```
>>> x = 5
>>> type(x)
<class 'int'>
>>> a = b = c =3
>>> d,e,f = 1,2,3
```

下面的语句创建了字符串变量 x，并赋值为'Hello World.'，之前的整型变量 x 就不复存在了。赋值语句的执行过程是，先把等号右侧表达式的值计算出来，然后在内存中寻找一个位置把值存储进去，最后创建变量并指向这个内存地址。所以，Python 变量并不直接存储值，而是存储了值的内存地址或者引用，这也是变量类型可以随时改变的原因。

```
>>> x = 'Hello World.'
>>> x
'Hello World.'
```

在 Python 中定义变量名的时候，需要遵守以下的命名规则：

① 变量名可以包括字母、数字、下划线，但不能以数字作为开头。例如，name1 是合法的变量名，而 1name 是非法的。

② 系统关键字不能作为变量名使用。

③ 除下划线之外，其他符号不能作为变量名使用。

④ Python 的变量名是区分字母大小写的。例如，age 和 Age 就是两个变量，而非相同的变量。

⑤ 变量名不能用 Python 关键字和函数名，这些是 Python 用于特殊用途的保留字。Python 3.7 有 35 个保留字，具体包括：False、None、True、and、as、assert、async、await、in、is、lambda、nonlocal、not、or、pass、raise、return、try、while、with、yield、break、class、continue、def、del、elif、else、except、finally、for、from、global、if、import。

2.1.2 数据类型

（1）整型（int）

整型（int）是不可变数据类型中的一种，它的一些性质和字符串的性质是一样的。Python 中整数类型的取值范围仅与机器支持的内存大小有关，可以超过机器位数所能表示的数值范围表示很大的数。

① 整型的创建与声明　创建一个新整型变量和给变量赋值是相同的过程。比如，a=123 或 b=123，等号左边是变量名，等号右边是要赋的值。

② 整型的特点　既然是整型，那么在赋值的时候数据必须是整数。整数可以简单理解为正整数和负整数。

③ 整型变量间的运算操作符及方法　Python 目前支持的整型数据类型变量前的运算操作符有加（+）、减（–）、乘（*）、除（/、//）和幂（**）。

```
>>> a = 10
>>> b = 20
>>> print("a+b=",a+b)
a+b= 30
>>> print("a-b=",a-b)
a-b= -10
>>> print("a*b=",a*b)
a*b= 200
>>> print("a/b=",a/b)
a/b= 0.5
>>> print("a//b=",a//b)
a//b= 0
```

（2）浮点型（float）

前面所说的数据类型只能用于处理整数。如果需要使用小数，就要使用浮点型。Python

提供了一种浮点型：float。浮点型既可以处理正数，也可以处理负数。

① 浮点型的创建与声明　创建一个新浮点型变量和给变量赋值是相同的过程，比如，a=1.23 或 b=–1.23，等号左边是变量名，等号右边是要赋的值。

② 浮点型数据的算术、逻辑等运算　在浮点型与整型或者浮点型与浮点型进行运算时，运算结果也是浮点型。但是，在 Python 中进行两个整数相除的时候，在默认情况下只能得到整数的值。而在需要进行对除法所得的结果进行精确求值时，想在运算后得到浮点值，则修改被除数的值为带小数点的形式，即可得到浮点值。这种方法在事先知道被除数的情况下才可以采用。而这种情况意味着被除数的值是固定的，这在绝大多数情况下是不可行的。

```
>>> pi=3.1415926
>>> print('圆周率的值为%d '%pi)          #十进制整数形式输出
圆周率的值为 3
>>> print('圆周率的值为%e '%pi)          #指数形式输出
圆周率的值为 3.141593e+00
>>> print('圆周率的值为%f '%pi)          #浮点数形式输出
圆周率的值为 3.141593
>>> print('圆周率的值为%.2f '%pi)        #浮点数形式输出，指定精度为小数点后两位
圆周率的值为 3.14
>>> print('圆周率的值为%10.2f '%pi)      #浮点数形式输出，指定宽度为 10，其中包括小数点后 2 位
圆周率的值为       3.14
```

（3）数的进制

在 Python 中，内置的数字类型有整数、实数和复数。其中，整数类型除了常见的十进制整数，还有如下进制：

① 二进制　以 0b 开头，每一位只能是 0 或 1。

② 八进制　以 0o 开头，每一位只能是 0、1、2、3、4、5、6、7 这八个数字之一。

③ 十六进制　以 0x 开头，每一位只能是 0、1、2、3、4、5、6、7、8、9、a、b、c、d、e、f 之一。

在 Python 中，不必担心数值的大小问题，Python 支持任意大的数字。另外，由于精度的问题，对于实数运算可能会有一定的误差，应尽量避免在实数之间直接进行相等性测试，而是应该以二者之差的绝对值是否足够小，作为两个实数是否相等的依据。

```
>>> 999999999 **9
99999999100000003599999991600000012599999987400000008399999996400000000899999
9999
>>> 0.4 - 0.1                       #实数相减，结果稍微有点偏差
0.30000000000000004
>>> 0.4 -0.1 == 0.3                 #应尽量避免直接比较两个实数是否相等
False
>>> abs(0.4-0.1-0.3) < 1e-6         #1e-6 表示 10 的-6 次方
True
```

2.1.3 字符串

在 Python 中，没有字符常量和变量的概念，只有字符串类型的常量和变量，即使是单个字符也是字符串。Python 使用单引号、双引号、三单引号、三双引号作为定界符来表示字符串，并且不同的定界符之间可以互相嵌套。另外，Python 3.x 全面支持中文，中文和英文字母都作为一个字符对待，甚至可以使用中文作为变量名。

除了支持使用加号运算符连接字符串，使用乘号运算符对字符串进行重复，使用切片访问字符串中的一部分字符以外，很多内置函数和标准库对象也支持对字符串的操作。另外，Python 字符串还提供了大量的方法支持查找、替换、排版等操作。这里先简单介绍一下字符串对象的创建、连接和重复操作。

2.1.4 列表、元组、字典、集合

列表、元组、字典和集合是 Python 内置的容器对象，其中可以包含多个元素。另外，range、map、zip、filter、enumerate 等迭代对象是 Python 中比较常用的内置对象，支持某些与容器类对象类似的用法。这里先介绍一下列表、元组、字典和集合的创建与简单使用。

```
>>> x = 'Hello world.'                    #使用单引号作为定界符
>>> x = "Python is a great language."     #使用双引号作为定界符
>>> x = '''Tom said,"Let's go."'''        #不同定界符之间可以互相嵌套
>>> print(x)
Tom said,"Let's go."
>>> x = 'good '+'morning'                 #连接字符串
>>> x
'good morning'
>>> x = 'good '
>>> x = x + 'morning'
>>> x
'good morning'
>>> x * 3
'good morninggood morninggood morning'
```

```
>>> x_list = [1, 2, 3]                    #创建列表对象
>>> x_tuple = (1,2,3)                     #创建元组对象
>>> x_dict = {'a':97,'b':98,'c':99}       #创建字典对象，其中元素形式为"键：值"
>>> x_set ={1, 2, 3}                      #创建集合对象
>>> print(x_list[1])                      #使用下标访问指定位置的元素
2
>>> print(x_tuple[1])                     #元组也支持使用序号作为下标
2
```

```
>>> print(x_dict['a'])                    #字典对象的下标是"键"
97
```

```
>>> x_set[1]                                    #集合不支持使用下标随机访问
Traceback (most recent call last):
  File "<pyshell#74>", line 1, in <module>
    x_set[1]
TypeError: 'set' object does not support indexing
>>> 3 in x_set                                  #成员测试
True
```

2.2 运算符

2.2.1 算术运算符

Python 中的算术运算符如表 2-1 所示。

表 2-1 算术运算符

算术运算符	说明
+	加法
-	减法
*	乘法
/	除法（和数学中的规则一样）
//	整除（只保留商的整数部分）
%	取余，即返回除法的余数
**	幂运算/次方运算，即返回 x 的 y 次方

```
>>> a = 21
>>> b = 4
>>> c = a+b
>>> print("a+b 的值为: ",c)
a+b 的值为:  25
>>> c = a - b
>>> print("a-b 的值为: ",c)
a-b 的值为:  17
>>> c = a * b
>>> print("a*b 的值为: ",c)
a*b 的值为:  84
>>> c = a / b
>>> print("a/b 的值为: ",c)
a/b 的值为:  5.25
>>> c = a % b
>>> print("a%b 的值为: ",c)
a%b 的值为:  1
```

```
>>> c = a ** b
>>> print("a**b的值为: ",c)
a**b的值为: 194481
>>> c = a // b
>>> print("a//b的值为: ",c)
a//b的值为: 5
```

2.2.2 关系运算符

关系运算符，也称比较运算符，用于对常量、变量或表达式的结果进行大小比较。如果这种比较是成立的，则返回 True（真），反之则返回 False（假）。Python 中的关系运算符如表 2-2 所示。

表 2-2 关系运算符

关系运算符	说明
>	大于，如果>前面的值大于后面的值，则返回 True，否则返回 False
<	小于，如果<前面的值小于后面的值，则返回 True，否则返回 False
==	等于，如果==两边的值相等，则返回 True，否则返回 False
>=	大于等于（等价于数学中的 ≥），如果≥前面的值大于或者等于后面的值，则返回 True，否则返回 False
<=	小于等于（等价于数学中的 ≤），如果≤前面的值小于或者等于后面的值，则返回 True，否则返回 False
!=	不等于（等价于数学中的 ≠），如果!=两边的值不相等，则返回 True，否则返回 False
is	判断两个变量所引用的对象是否相同，如果相同则返回 True，否则返回 False
is not	判断两个变量所引用的对象是否不相同，如果不相同则返回 True，否则返回 False

```
>>> print("89是否大于100: ", 89 > 100)
89是否大于100:  False
>>> print("24*5是否大于等于76: ", 24*5 >= 76)
24*5是否大于等于76:  True
>>> print("86.5是否等于86.5: ", 86.5 == 86.5)
86.5是否等于86.5:  True
>>> print("34是否等于34.0: ", 34 == 34.0)
34是否等于34.0:  True
>>> print("False是否小于True: ", False < True)
False是否小于True:  True
>>> print("True是否等于False: ", True == False)
True是否等于False:  False
```

2.2.3 逻辑运算符

逻辑运算符 and、or、not 常用来连接条件表达式构成更加复杂的条件表达式，并且 and 和 or 具有惰性求值或逻辑短路的特点，即当连接多个表达式时只计算必须要计算的值，前面介绍的关系运算符也具有类似的特点。Python 中的逻辑运算符如表 2-3 所示。

表 2-3 逻辑运算符

逻辑运算符	说明
and	当 a 和 b 两个表达式都为真时，a and b 的结果才为真，否则为假
or	当 a 和 b 两个表达式都为假时，a or b 的结果才是假，否则为真
not	如果 a 为真，那么 not a 的结果为假；如果 a 为假，那么 not a 的结果为真。相当于对 a 取反

```
>>> 3 > 5 and a < 10      #注意，此时并没有定义变量 a
False
>>> 5 < 10 and 3 > 5
False
>>> 3 < 5 or a > 10       #3 < 5 的值为 True，不需要计算后面的表达式
True
>>> 3 and 5 > 2           #把最后一个计算的表达式的值作为整个表达式的值
True
>>> 3 not in [1,2,3]
False
```

2.2.4 其他运算符

（1）赋值运算符

Python 中的赋值运算符如表 2-4 所示。

表 2-4 赋值运算符

赋值运算符	说明
=	最基本的赋值运算，x = y
+=	加赋值，x = x + y
–=	减赋值，x = x–y
*=	乘赋值，x = x * y
/=	除赋值，x = x / y
%=	取余数赋值，x = x % y
**=	幂赋值，x = x ** y
//=	取整数赋值，x = x // y

```
>>> a = 21
>>> b = 4
>>> c = a+b
>>> print("a+b 的值为: ",c)
a+b 的值为:  25
>>> c = a - b
>>> print("a-b 的值为: ",c)
a-b 的值为:  17
>>> c = a * b
>>> print("a*b 的值为: ",c)
```

```
a*b 的值为:  84
>>> c = a / b
>>> print("a/b 的值为: ",c)
a/b 的值为:  5.25
>>> c = a % b
>>> print("a%b 的值为: ",c)
a%b 的值为:  1
```

（2）成员测试运算符

Python 中的成员测试运算符 in 用于成员测试，即测试一个对象是否包含另一个对象。

```
>>> 3 in [1,2,3]
True
>>> 'abc' in 'abcdef'
True
```

（3）运算符的优先级

所谓优先级，就是当多个运算符同时出现在一个表达式中时，先执行哪个运算符。Python 中的运算符优先级顺序如表 2-5 所示。

表 2-5 运算符优先级

运算符说明	Python 运算符	优先级顺序
小括号	()	最高
乘方	**	↑
按位取反	~	
符号运算符	+（正号）、-（负号）	
乘除	*、/、//、%	
加减	+、-	
位移	>>、<<	
按位与	&	
按位异或	^	
按位或	|	
比较运算符	==、!=、>、>=、<、<=	
is 运算符	is、is not	
in 运算符	in、not in	
逻辑非	not	
逻辑与	and	
逻辑或	or	最低

2.3 表达式

2.3.1 正则表达式语法

正则表达式描述了一种字符串匹配的模式（Pattern），可以用来检查一个字符串中是否含有某种子字符串、将匹配的子字符串替换或者从某个字符串中取出符合某个条件的子字符串等。

例如:

runoo+b 可以匹配 runoob、runooob、runoooooob 等，+号代表前面的字符必须至少出现 1 次（1 次或多次）。

runoo*b 可以匹配 runob、runoob、runoooooob 等，*号代表字符可以不出现，也可以出现 1 次或者多次（0 次或 1 次或多次)。

colou?r 可以匹配 color 或者 colour，？号代表前面的字符最多只可以出现 1 次（0 次或 1 次）。

构造正则表达式的方法和创建数学表达式的方法一样。也就是用多种元字符与运算符将小的表达式结合在一起来创建更大的表达式。正则表达式的组件可以是单个字符、字符集合、字符范围、字符间的选择或者所有这些组件的任意组合。正则表达式是由普通字符（如字符 a-2）及特殊字符（称为“元字符”）组成的文字模式，模式描述在搜索文本时要匹配的一个或多个字符串。正则表达式作为一个模板，将某个字符模式与所搜索的字符串进行匹配。

（1）普通字符

普通字符包括没有显式指定为元字符的所有可打印和非打印字符，具体包括所有大写和小写字母、所有数字、所有标点符号和一些其他符号。

（2）非打印字符

非打印字符也可以是正则表达式的组成部分。表 2-6 列出了表示非打印字符的转义序列。

表 2-6　非打印字符的转义序列

字符	说明
\cx	匹配由 x 指明的控制字符。例如，\cM 匹配 Ctrl+M 或回车符。x 的值必须为 A～Z 或 a~z 之一。否则，将 c 视为一个原义的 'c' 字符
\f	匹配一个换页符。等价于 \x0c 和\cL
\n	匹配一个换行符。等价于 \x0a 和\cJ
\r	匹配一个回车符。等价于 \x0d 和\cM
\s	匹配任何空白字符，包括空格、制表符、换页符等。等价于[\f\n\r\t\v]。注意：Unicode 正则表达式会匹配全角空格符
\S	匹配任何非空白字符。等价于[^\f\n\r\t\v]
\t	匹配一个制表符。等价于\x09 和\cI
\v	匹配一个垂直制表符。等价于\x0b 和\cK

（3）特殊字符

所谓特殊字符，就是一些有特殊含义的字符，如上面所说的 runoo*b 中的“*”，简单地说就是表示任何字符串的意思。如果要查找字符串中的“*”符号，则需要对“*”进行转义，即在其前加一个“\”：runo*ob 匹配 runo*ob。

许多元字符要求在试图匹配它们时特殊对待。若要匹配这些特殊字符，则必须首先使字符“转义”，即将反斜杠字符“\”放在它们前面。表 2-7 列出了正则表达式中的特殊字符。

表 2-7　正则表达式中的特殊字符

<table>
<tr><th>特殊字符</th><th>说明</th></tr>
<tr><td>$</td><td>匹配输入字符串的结尾位置。如果设置了 RegExp 对象的 Multiline 属性，则也匹配\n 或\r。要匹配 $ 字符本身，请使用\$</td></tr>
<tr><td>( )</td><td>标记一个子表达式的开始和结束位置。子表达式可以获取供以后使用。要匹配这些字符，请使用“\(”和“\)”</td></tr>
<tr><td>*</td><td>匹配前面的子表达式 0 次或多次。要匹配*字符本身，请使用 *</td></tr>
<tr><td>+</td><td>匹配前面的子表达式 1 次或多次。要匹配+字符本身，请使用 \+</td></tr>
<tr><td>.</td><td>匹配除换行符 \n 之外的任何单字符。要匹配 . 字符本身，请使用 \.</td></tr>
<tr><td>[</td><td>标记一个中括号表达式的开始。要匹配 [字符本身，请使用 \[</td></tr>
<tr><td>?</td><td>匹配前面的子表达式 0 次或 1 次，或指明一个非贪婪限定符。要匹配 ? 字符本身，请使用 \?</td></tr>
<tr><td>\</td><td>将下一个字符标记为或特殊字符，或原义字符，或向后引用，或八进制转义符。例如，n 匹配字符 n，\n 匹配换行符；序列\\匹配\，而\(则匹配(</td></tr>
<tr><td>^</td><td>匹配输入字符串的开始位置，除非在方括号表达式中使用。当该符号在方括号表达式中使用时，表示不接受该方括号表达式中的字符集合。要匹配^字符本身，请使用\^</td></tr>
<tr><td>{</td><td>标记限定符表达式的开始。要匹配 { 字符本身，请使用\{</td></tr>
<tr><td>|</td><td>指明两项之间的选择一个。要匹配 | 字符本身，请使用 \|</td></tr>
</table>

（4）限定符

限定符用来指定正则表达式的一个给定组件必须出现多少次才能满足匹配，包括*、+、?、{n}、{n,}、{n,m} 6 种。正则表达式中的限定符如表 2-8 所示。

表 2-8　正则表达式中的限定符

限定符	说明
*	匹配前面的子表达式 0 次或多次。例如，zo*能匹配 z 及 zoo。*等价于{0,}
+	匹配前面的子表达式 1 次或多次。例如。zo+能匹配 zo 及 zoo，但不能匹配 z。+等价于{1,}
?	匹配前面的子表达式 0 次或 1 次。例如，do(es)?可以匹配 do、does 中的 does、doxy 中的 do。? 等价于{0,1}
{n}	n 是一个非负整数。确定匹配 n 次。例如，o{2}不能匹配 Bob 中的 o，但是能匹配 food 中的两个 o
{n,}	n 是一个非负整数。至少匹配 n 次。例如，o{2, }不能匹配 Bob 中的 o，但是能匹配 fooood 中的所有 o。o{l,}等价于 o+，o{0,}则等价于 o*
{n,m}	m 和 n 均为非负整数，其中 n≤m。最少匹配 n 次且最多匹配 m 次。例如，o{1,3}将匹配 fooood 中的前三个 o。o{1,}等价于 o?。请注意在逗号和两个数之间不能有空格

（5）定位符

定位符使用户能够将正则表达式固定到行首或行尾。它们还使用户能够创建这样的正则表达式：这些正则表达式出现在一个单词内、一个单词的开头或者一个单词的结尾。

定位符用来描述字符串或单词的边界，^和$分别指字符串的开始与结束，\b 描述单词的前或后边界，\B 表示非单词边界。正则表达式中的定位符如表 2-9 所示。

表 2-9　正则表达式中的定位符

定位符	说明
^	匹配输入字符串开始的位置。如果设置了 RegExp 对象的 Multiline 属性，那么^还会与\n 或\r 之后的位置匹配
$	匹配输入字符串结尾的位置。如果设置了 RegExp 对象的 Multiline 属性，那么$还会与\n 或\r 之前的位置匹配
\b	匹配一个单词边界，即字与空格间的位置
\B	匹配非单词边界

（6）元字符

表 2-10 包含了元字符的完整列表及它们在正则表达式上下文中的行为，在利用 search 和 match 匹配时，输出全部内容，可以用 group()方法取出各个组的内容。

表 2-10　正则表达式中的元字符

<table>
<tr><th>元字符</th><th>说明</th></tr>
<tr><td>.</td><td>表示匹配除了换行符外的任何字符</td></tr>
<tr><td>|</td><td>A | B，表示匹配正则表达式 A 或者 B</td></tr>
<tr><td>^</td><td>匹配输入字符串的开始位置</td></tr>
<tr><td>$</td><td>匹配输入字符串的结束位置</td></tr>
<tr><td>\</td><td>\后面跟元字符去除其特殊功能，\后面跟普通字符实现其特殊功能</td></tr>
<tr><td>[]</td><td>表示一个字符集，特殊字符在字符集中会失去其特殊意义（“^”在字符集中是非的意思，“-”在字符集中是至的意思，“\d”“\w”等还保留其原有意义）</td></tr>
<tr><td>{n}</td><td>n 是一个非负整数，匹配整数 n 次</td></tr>
<tr><td>{n,}</td><td>n 是一个非负整数，至少匹配 n 次</td></tr>
<tr><td>{n,m}</td><td>m，n 均为非负整数，m>n，最少匹配 n 次，最多匹配 m 次</td></tr>
<tr><td>*</td><td>匹配前面的子表达式 0 次或多次</td></tr>
<tr><td>+</td><td>匹配前面的子表达式 1 次或多次</td></tr>
<tr><td>?</td><td>匹配前面的子表达式 0 次或 1 次</td></tr>
<tr><td>()</td><td>表示分组，在利用 findall 匹配时，只输出组里面的内容，并组成一个新组放到列</td></tr>
<tr><td>\A</td><td>匹配输入字符串的开始位置</td></tr>
<tr><td>\Z</td><td>匹配输入字符串的结束位置</td></tr>
<tr><td>\b</td><td>匹配一个单词边界，也就是单词和空格之间的位置</td></tr>
<tr><td>\B</td><td>匹配非单词边界，其实就是与 \b 相反</td></tr>
<tr><td>\f</td><td>匹配一个换页符</td></tr>
<tr><td>\n</td><td>匹配一个换行符</td></tr>
<tr><td>\r</td><td>匹配一个回车符</td></tr>
<tr><td>\d</td><td>匹配任意一个数字字符，相当于匹配[0-9]</td></tr>
<tr><td>\D</td><td>匹配任何非 Unicode 的数字，相当于匹配 [^0-9]</td></tr>
<tr><td>\s</td><td>匹配任意一个不可见字符，包括空格、制表符、换页符等，等价于[\t\n\r\f\v]</td></tr>
<tr><td>\S</td><td>匹配任意一个可见字符，包括空格、制表符、换页符等，等价于[^\t\n\r\f\v]</td></tr>
<tr><td>\w</td><td>匹配任意一个字母或数字或下划线或汉字，等价于 [a-zA-Z0-9_]</td></tr>
<tr><td>\W</td><td>匹配任意一个非字母或非数字或非下划线或非汉字，等价于 [^a-zA-Z0-9_]</td></tr>
<tr><td>转义符号</td><td>正则表达式还支持大部分 Python 字符串的转义符号：\a，\b，\f，\n，\r，\t，\u，\U，\v，\x，\\
注 1：\b 通常用于匹配一个单词边界，只有在字符类中才表示“退格”
注 2：\u 和 \U 只有在 Unicode 模式下才会被识别
注 3：八进制转义（\数字）是有限制的，如果第一个数字是 0，或者如果有 3 个八进制数字，就被认为是八进制数；其他情况则被认为是子组引用；至于字符串，八进制转义最多只能是 3 个数字的长度</td></tr>
</table>

正则表达式通常用于在文本中查找匹配的字符串。Python 里的数量词默认是贪婪的（在少数语言里也可能默认是非贪婪的），总是尝试匹配尽可能多的字符；非贪婪的则相反，总是尝试匹配尽可能少的字符。

例如，正则表达式“ab*”如果用于查找“abbbc”，则将找到“abbb”；而如果使用非贪婪的数量词“ab*？”，则将找到“a”。但当前后都有限定条件时，非贪婪模式失效。

2.3.2 正则表达式的应用

在了解了正则表达式之后，需要学习的是Python正则表达式模块re中的函数。执行dir(re)命令即可显示所有函数，包括compile()、copyreg()、error()、escape()、findall()、finditer()、fullmatch()、match()、purge()、search()、split()、sre_compile()、sre_compile()、sre_parse()、sub()、subn()、sys()、template()。执行help(re.FunctionName)函数就可以得到对应函数的说明。

（1）re模块

Python中的正则表达式被封装在re模块中，必须调用该模块后才能使用。re模块中有几种常用的方法。一是match(pattern,string,flags=0)，二是search(pattern,string,flags=0)。其中，pattern表示匹配规则；string表示字符串；flags表示编译标志位，用于修改正则表达式的匹配方式，如是否区分大小写、多行匹配等。从起始位置开始，根据模型规则去字符串中匹配指定内容，只能匹配单个，如果匹配成功则返回一个match object对象，利用group()方法查看，没匹配到则返回None。三是match(search)object的方法。

① group()：返回re整体匹配的字符串，可以一次输入多个组号，对应组号匹配的字符串，获取匹配到的所有结果（无论是否有组）。

```
import re
a = "hello alex asd hello"
b = re.match("(h)\w+",a).group()
print(b)

运行结果:
hello
```

② start()：返回匹配开始的位置。

③ end()：返回匹配结束的位置。

④ span()：返回一个元组包含匹配（开始,结束）的位置。

⑤ groups()：获取已经匹配到的结果中的分组结果放到元组中，从group结果中提取分组结果。

```
import re
a = "hello alex asd hello"
b = re.match("(h)(e)\w+",a).groups()
print(b)

运行结果:
('h', 'e')
```

⑥ groupdict()(?p<name>h)：给分组中的元素一个key值，组成一个字典。

```
import re
a = "hello alex asd hello"
b = re.match("(?p<n1>h)(<?p<n2>e)\w+",a).groups()
```

```
print(b)

运行结果:
('n1':'h',"n2":'e')
```

⑦ findall(pattern,string,flags=0)：从起始位置开始根据模型规则去字符串中匹配指定内容，能全部匹配。如果匹配成功则以列表形式返回所有匹配的字符串。没匹配到则返回 None。在进行匹配时，如果规则中是匹配集合“a()b”，则只输出()中的内容，如果想输出全部内容，则需要在分组内加“?:”。

```
import re
a = "hello alex asd hello"
b = re.findall("a(?:l)ex",a)
print(b)

运行结果:
['alex']
```

正则表达式中的匹配规则是从前往后匹配，一个一个地找，但如果匹配到内容后，继续往后匹配的时候，是从上一次匹配的结尾开始重新匹配的。

```
import re
a = "1a2s3d4f5"
b = re.findall("\d\w\d",a)
print(b)

运行结果:
['1a2', '3d4']
```

正则表达式中如果用空（""）来匹配内容，那么匹配到的空内容会比其长度多一位。

```
import re
a = "12345"
b = re.findall("",a)
print(b)

运行结果:
[",",",",","]
```

匹配组中组。

```
import re
a = "asd alex 123 alex"
b = re.findall("(a)(\w(e))(x)",a)
print(b)

运行结果:
[('a', 'le', 'e', 'x'), ('a', 'le', 'e', 'x')]
```

⑧ sub(pattern,repl,string,max=0)：替换字符串中的部分字符。

subn(pattern,repl,string)：结果能显示到底被替换了几次。

pattern；匹配规则。

repl：替换对象（用什么替换）。

string：被替换对象。

max：替换的个数。

```
import re
re.sub("g.t","have",'I get A, I got B ,I gut C',2)

运行结果:
'I have A, I have B ,I gut C'

print(re.subn("g.t","have",'I get A,I got B ,I gut C'))

运行结果:
('I have A,I have B ,I have C', 3)
```

⑨ compile(strPattern[,flag])。

strPattern：将字符串形式的正则表达式编译为 Pattern 对象。

flag：匹配模式，取值可以按位，或由运算符“|”表示同时生效。比如，re.Ire.M 把一套规则利用 compile()方法封装在一个对象中，再利用对象调用方法，适用于多次匹配的情况。

```
import re
text = "JGood is a handsome boy,he is cool, clever, and so on..."
regex = re.compile (r'\w*oo\w*')
print(regex.findall(text))

运行结果:
['JGood', 'cool']
```

⑩ split(pattern,string,maxsplit=0,flags=0)。

pattern：表示匹配规则。

string：表示字符串。

maxsplit：表示分割的位数（用几个规则分割）。

flags：表示编译标志位，用于修改正则表达式的匹配方式，如是否区分大小写、多行匹配等。

```
import re
print(re.split('\d+','one1two2three3four4'))

运行结果:
['one', 'two', 'three', 'four', '']

print(re.split('a','1A1a2a3',flags=re.I))

运行结果:
['1', '1', '2', '3']
```

用正则表达式分割出来的列表中不含有分割部分，如果需要把拿什么分割出来的部分显示在列表中，就需要在表达式中加入组。

```
import re
a = "asd123asd156asd"
c = re.split("(1)(\d+)",a)
print(c)

运行结果:
['asd', '1', '23', 'asd', '1', '56', 'asd']
```

⑪ finditer(pattern,string,flags=0)：搜索 string，返回一个顺序访问每个匹配结果（match 对象）的迭代器。

```
import re
iterator = re.finditer(r'\d+','2g3g4g5g6g')
iteratorl = re.findall(r'\d+','2g3g4g5g6g')
print(iterator)
print(iteratorl)
for match in iterator:
    print(match.group(), match.span())

运行结果:
<callable_iterator object at 0x00000230BB8C8E80>
['2', '3', '4', '5', '6']
2 (0, 1)
3 (2, 3)
4 (4, 5)
5 (6, 7)
6 (8, 9)
```

（2）compile()函数

从字面意义上来理解，compile 是编译的意思。我们知道，编程语言有解释性语言和编译性语言之分，Python 就是一种解释性语言，运行起来相对比较慢。re 模块中 compile()函数的功能就是将我们需要重复利用的正则表达式编译成一个模块，执行起来变得更快；此外，还可以对其增加其他的属性，让表达更灵活。

① 常见的 compile()函数的用法。

```
import re
str1 = 'abc'
str2 = 'abc bbb abc jjj bac abc'
str3 = re.compile(str1)
str4 = str3.findall(str2)
print(str4)

运行结果:
['abc', 'abc', 'abc']
```

② 增加属性，语法为 ModuleName = re.compile(pattern,flags)。

```
import re
str1 = 'abc'
```

```
str2 = 'abc bbb Abc jjj bac abc ABC'
str3 = re.compile(str1,re.I)
str4 = str3.findall(str2)
print(str4)
```

运行结果:

```
['abc', 'Abc', 'abc', 'ABC']
```

（3）match()函数

语法：match(pattern,string,flags=0)

功能：尝试在字符串的开头应用 pattern 模式，返回一个匹配对象，如果没有找到匹配，则返回 None。需要注意的是，只从开始匹配，如果匹配成功则返回匹配的对象实体，否则返回空。

```
import re
str1 = 'abc'
str2 = 'abc bbb Abc jjj bac abc'
str3 = re.match(str1,str2)
if str3:
    print(str3.group())
else:
    print("Nothing")
```

运行结果:

```
abc
```

如果去掉开始的 abc，则显示 Nothing。

```
import re
str1 = 'abc'
str2 = 'bbb Abc jjj bac abc ABC'
str3 = re.match(str1,str2)
if str3:
    print(str3.group())
else:
    print("Nothing")
```

运行结果:

```
Nothing
```

（4）search()函数

语法：search(pattern, string,flags=0)

功能：扫描字符串寻找匹配的模式，返回一个匹配对象，如果没有找到匹配则返回 None
其与 match()函数的区别就是会搜索所有的字符串。

2.4 字符串

2.4.1 字符串概述

（1）字符串概述

字符串是指包含若干字符的容器结构。在 Python 中，字符串属于不可变有序序列，使用单引号、双引号、三单引号或三双引号作为定界符，并且不同的定界符之间可以互相嵌套。下面几种都是合法的 Python 字符串："Hello world"、"这个字符串是数字"123"和字母"abcd"的组合"、'''Tom said,"Let's go"'''。

除了支持序列通用方法（包括双向索引、比较大小、计算长度、元素访问、切片、成员测试等操作）以外，字符串类型还支持一些特有的操作方法，例如，字符串格式化、查找、替换、排版等。但由于字符串属于不可变序列，不能直接对字符串对象进行元素增加、修改与删除等操作，切片操作也只能访问其中的元素而无法使用切片来修改字符串中的字符。另外，字符串对象提供的 replace()和 translate()方法以及大量排版方法也不是对原字符串直接进行修改替换，而是返回一个新字符串作为结果。

（2）转义字符

转义字符是指在字符串中某些特定的符号前加一个斜线后，该字符将被解释为另外一种含义，不再表示本来的字符。Python 中常用的转义字符如表 2-11 所示。

表 2-11　常用转义字符

转义字符	说明
\(在行尾时)	续行符
\\	反斜杠符号
\'	单引号
\"	双引号
\a	响铃
\b	退格(Backspace)
\e	转义
\000	空
\n	换行
\v	纵向制表符
\t	横向制表符
\r	回车
\f	换页
\other	其他的字符以普通格式输出

2.4.2 字符串格式化

（1）使用%符号进行格式化

使用%符号进行字符串格式化的形式如图 2-1 所示，格式运算符%之前的部分为格式字符串，之后的部分为需要进行格式化的内容。

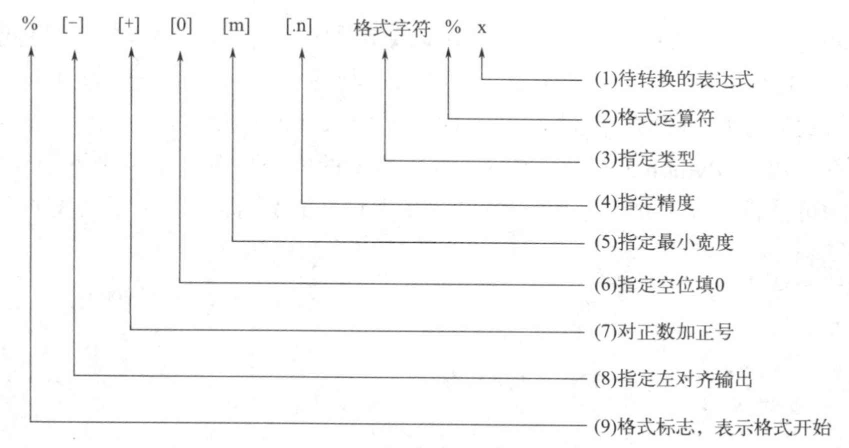

图 2-1　使用%符号进行字符串格式化的形式

Python 支持大量的格式字符，表 2-12 列出了比较常用的一部分。

表 2-12　格式字符

格式字符	说明
%c	转换成字符（ASCII 码值，或者长度为 1 的字符串）
%r	优先用 repr()函数进行字符串转换
%s	优先用 str()函数进行字符串转换
%d/%i	转成有符号十进制数
%u	转成无符号十进制数
%o	转成无符号八进制数
%x / %X	转成无符号十六进制数（x / X 代表转换后的十六进制字符的大小写）
%e / %E	转成科学计数法（e / E 控制输出 e / E）
%f / %F	转成浮点数（小数部分自然截断）
%g / %G	%e 和%f / %E 和%F 的简写
%%	输出%

使用这种方式进行字符串格式化时，要求被格式化的内容和格式字符之间的数量和顺序都必须一一对应。

```
print('''根据调查，84%的用户都在使用 Python3。''')
print('''根据调查，%f 的用户都在使用%s。'''%(0.84,'Python3'))
print('''根据调查，%.2f%%的用户都在使用%s。'''%(0.84*100,'Python3'))
print('''根据调查，%8.2f%%的用户都在使用%.6s。'''%(0.84*100,'Python3'))
print('''根据调查，%-8.2f%%的用户都在使用%-.6s。'''%(0.84*100,'Python3'))

运行结果：
根据调查，84%的用户都在使用 Python3。
根据调查，0.840000 的用户都在使用 Python3。
根据调查，84.00%的用户都在使用 Python3。
根据调查，84.00%的用户都在使用 Python3。
根据调查，84.00%的用户都在使用 Python3。
```

（2）使用 format()方法进行字符串格式化

字符串格式化方法 format()提供了更加强大的功能，不要求待格式化的内容和格式字符之间的顺序严格一致，更加灵活。该方法中可以使用的格式主要有 b（二进制格式）、c（把整数转换成 Unicode 字符）、d（十进制格式）、o（八进制格式）、x（小写十六进制格式）、X（大写十六进制格式）、e/E（科学计数法格式）、f/F（固定长度的浮点数格式）、%（使用固定长度浮点数显示百分数）。Python 3.x 开始支持在数字常量的中间位置使用单个下划线作为分隔符来提高数字的可读性，相应地，字符串格式化方法 format()也提供了对下划线的支持。

```
>>> 1/3
0.3333333333333333
>>> print('{0:.3f}'.format(1/3))
0.333
>>> '{0:%}'.format(3.5)
'350.000000%'
>>> print("The number {0:,} in hex is: {0:#x}, in oct is {0:#o}".format(55))
The number 55 in hex is: 0x37, in oct is 0o67
>>> print("The number {0:,} in hex is: {0:#x}, the number {1} in oct  is
{1:o}".format(5555,55))
The number 5,555 in hex is: 0x15b3, the number 55 in oct  is 67
>>> print("The number {1} in hex is: {1:#x}, the number {0} in oct  is
{0:#o}".format(5555,55))
The number 55 in hex is: 0x37, the number 5555 in oct  is 0o12663
>>> print("my name is {name}, my age is {age}, and my QQ is {qq}".format(name
="Dong", qq ="306467355", age = 38))
my name is Dong, my age is 38, and my QQ is 306467355
>>> position = (5,8,13)
>>> print("X:{0[0]};Y:{0[1]};Z:{0[2]}".format(position))
X:5;Y:8;Z:13
>>> '{0:_},{0:_x}'.format(1000000)
'1_000_000,f_4240'
>>> '{0:_},{0:_x}'.format(10000000)
'10_000_000,98_9680'
```

2.4.3 字符串常用方法与操作

（1）字符串检测函数

① type()：查看数据类型。

② len()：计算字符串长度。

③ .startswith('特定字符串')：检测字符串是否以特定字符串开头。

④ .endswith('特定字符串')：检测字符串是否以特定字符串结尾。

⑤ .isalnum()：检测字符串是否全由字母或数字组成。

⑥ .isalpha()：检测字符串是否只由字母组成。

⑦ .isdigit()：检测字符串是否只由数字组成。

⑧ .islower()：检测字符串是否全由小写字母组成。

⑨ .isupper()：检测字符串是否全由大写字母组成。

⑩ .isspace()：检测字符串是否只由空格组成。

⑪ .istitle()：检测字符串中所有单词是否首字母大写，且其他字母小写。

```
sentence = '''Python is a programming language that lets you work quickly
and integrate systems more effectively.'''
word = '''Python'''
print('type(sentence):',type(sentence))
print('len(sentence):',len(sentence))
print("sentence.startswith('Python'):",sentence.startswith('Python'))
print("sentence.endswith('ly'):",sentence.endswith('ly'))
print("word.isalnum():",word.isalnum())
print("sentence.isalpha():",sentence.isalpha())
print("word.isalpha():",word.isalpha())
print("word.isdigit():",word.isdigit())
print("word.islower():",word.islower())
print("word.isupper():",word.isupper())
print("sentence.istitle():",sentence.istitle())
print("word.istitle():",word.istitle())
print("word.isspace():",word.isspace())

运行结果:
type(sentence): <class 'str'>
len(sentence): 99
sentence.startswith('Python'): True
sentence.endswith('ly'): False
word.isalnum(): True
sentence.isalpha(): False
word.isalpha(): True
word.isdigit(): False
word.islower(): False
word.isupper(): False
sentence.istitle(): False
word.istitle(): True
word.isspace(): False
```

（2）字符串字母处理函数

① .upper()：字符串所有字母变为大写。

② .lower()：字符串所有字母变为小写。

③ .swapcase()：字符串所有字母大小写互换。

④ .capitalize()：字符串首字母变为大写，其余小写。

⑤ .title()：字符串所有单词首字母变为大写，其余小写。

```
sentence = '''software quality is a vital ingredient to success in industry
and science, Ubiquitous IT systems control the business processes of
the global economy.'''
```

```
print('sentence.upper():',sentence.upper())
print('sentence.swapcase():',sentence.swapcase())
print("sentence.capitalize():",sentence.capitalize())
print("sentence title():",sentence.title())
print("sentence:",sentence)

运行结果:
sentence.upper(): SOFTWARE QUALITY IS A VITAL INGREDIENT TO SUCCESS IN
INDUSTRY AND SCIENCE, UBIQUITOUS IT SYSTEMS CONTROL THE BUSINESS PROCESSES OF
THE GLOBAL ECONOMY.
sentence.swapcase(): SOFTWARE QUALITY IS A VITAL INGREDIENT TO SUCCESS IN
INDUSTRY AND SCIENCE, uBIQUITOUS it SYSTEMS CONTROL THE BUSINESS PROCESSES OF
THE GLOBAL ECONOMY.
sentence.capitalize(): Software quality is a vital ingredient to success in
industry and science, ubiquitous it systems control the business processes of
the global economy.
sentence title(): Software Quality Is A Vital Ingredient To Success In
Industry And Science, Ubiquitous It Systems Control The Business Processes Of
The Global Economy.
sentence: software quality is a vital ingredient to success in industry and
science, Ubiquitous IT systems control the business processes of the global
economy.
```

（3）字符串查找与替换函数

① .find()语法：str.find(sub_str, begin=0, end=len(string))

从字符串 str 中 begin 开始的位置到 end 结束的位置,查找指定子串 sub_str 出现的位置，如果找到，返回子串 sub_str 所在的索引值（从字符串第一个字符开始计算），如果没有找到指定子串，则返回−1。

② .rfind()语法：st.rfind(sub_str, begin=0, end=len(string))

在 str 字符串 begin 至 end 范围内，从右边开始查找指定子串 sub_str 出现的位置，即子串最后一次出现的位置。如果找到，返回子串 sub_ str 所在的索引值（从字符串第一个字符开始计算），如果没有找到指定子串，则返回−1。

③ .index()语法：str.index(sub_str, begin=0, end=len(string))

从字符串 str 中 begin 开始的位置到 end 结束位置，查找指定子串 sub_str 出现的位置，如果找到，则返回子串 sub_str 所在的索引值（从字符串第一个字符开始计算），如果没有找到指定子串则抛出 VauleError 异常。

④ .count()语法：str.count(sub_str, begin=0, end=len(string))

从字符串 str 中 begin 开始的位置到 end 结束位置，查找指定子串 sub_str 出现的次数并作为返回值。

⑤ .replace()语法：str.replace(子字符串 1，子字符串 2[，最大替换次数])

将字符串 str 中的子字符串 1 替换为子字符串 2，可以指定最大替换次数，默认替换所有符合条件的子串。

```
>>> s = "apple,peach,banana,peach,pear"
>>> s.find("peach")
6
>>> s.find("peach",7)
19
>>> s.find("peach",7,20)
-1
>>> s.rfind('p')
25
>>> s.index('p')
1
>>> s.count('p')
5
>>> s.replace("apple","orange")
'orange,peach,banana,peach,pear'
```

（4）字符串分割与连接函数

① .split()语法：str.split(分隔符,分隔次数)。

分隔符为可选参数，split()函数通过指定分隔符对字符串进行切片，默认的分隔符包括所有的空字符，如空格、换行(n)、制表符(u)等。第二个可选参数“分隔次数”表示分割的次数，默认值为–1，表示不限制分割的次数；如果指定特定的值，分割后即得到分隔次数+1 个子字符串。

.split()函数的返回值为分割后的字符串列表。

② .rsplit()语法：str.rsplit(分隔符,分隔次数)。

从右侧开始分割字符串，语法同 split()。

③ .partition()语法：str.partition(分隔符)。

分隔符不可省略，如果字符串包含指定的分隔符，则返回值为一个三元的元组，第一个为分隔符左边的子串，第二个为分隔符本身，第三个为分隔符右边的子串。

④ .rpartition()语法：st.rpartition(分隔符)。

分隔符不可省略，从右侧开始分割字符串，如果字符串包含指定的分隔符，则返回值为一个三元的元组，第一个为分隔符左边的子串，第二个为分隔符本身，第三个为分隔符右边的子串。

⑤ .join()语法：连接字符.join(字符序列)。

用于将序列中的元素以指定的字符连接生成一个新的字符串。返回值为指定的连接字符在连接字符序列后生成的新字符串。

```
sentence = '''Software quality is a vital ingredient to success in industry
and science. Ubiquitous IT systems control the business processes of
the global economy.'''
print("sentence.split():",sentence.split())
print("sentence.split('.'):",sentence.split('.'))
print("sentence.split('.',1):",sentence.split('.',1))
```

```
print("sentence.rsplit('the',1 ):",sentence.rsplit('the',1))
print("sentence.partition('science'):",sentence.partition('science'))
linkl = "_"
link2 = ""
seq = ("p","y","t","h","o","n")
print (linkl.join( seq ))
print (link2.join( seq ))
```

运行结果:

```
sentence.split(): ['Software', 'quality', 'is', 'a', 'vital', 'ingredient',
'to', 'success', 'in', 'industry', 'and', 'science.', 'Ubiquitous', 'IT',
'systems', 'control', 'the', 'business', 'processes', 'of', 'the', 'global',
'economy.']
sentence.split('.'): ['Software quality is a vital ingredient to success in
industry\nand science', ' Ubiquitous IT systems control the business
processes of\nthe global economy', '']
sentence.split('.',1): ['Software quality is a vital ingredient to success in
industry\nand science', ' Ubiquitous IT systems control the business
processes of\nthe global economy.']
sentence.rsplit('the',1 ): ['Software quality is a vital ingredient to
success in industry\nand science. Ubiquitous IT systems control the business
processes of\n', ' global economy.']
sentence.partition('science'): ('Software quality is a vital ingredient to
success in industry\nand ', 'science', '. Ubiquitous IT systems control the
business processes of\nthe global economy.')
p_y_t_h_o_n
python
```

（5）字符串填充对齐和删除指定字符

① .ljust()语法：str.ljust(宽度[，填充字符])。

使用指定的填充字符，填充字符串 str 到指定长度的新字符串，原字符串左对齐，填充的字符放在原字符串的右边。填充字符可以省略，默认为填充空格。

返回值为新生成的字符串，如果指定的宽度小于原字符串的宽度，则返回原字符串。

② .rjust()语法：str.rjust(宽度[，填充字符])。

使用指定的填充字符，填充字符串 str 到指定长度的新字符串，原字符串右对齐，填充的字符放在原字符串的左边。填充字符可以省略，默认为填充空格。

返回值为新生成的字符串，如果指定的宽度小于原字符串的宽度，则返回原字符串。

③ .center()语法：str.center(宽度[，填充字符])。

使用指定的填充字符，填充字符串 str 两端，字符串 str 在指定宽度中居中对齐。填充字符可以省略，默认为填充空格。

返回值为新生成的字符串，如果指定的宽度小于原字符串的宽度，则返回原字符串。

④ .zfill(width)语法：str.zfill(宽度)。

使用字符“0”填充字符串 str 到指定长度的新字符串，原字符串右对齐，填充的字符

“0”放在原字符串的左边。

返回值为新生成的字符串，如果指定的宽度小于原字符串的宽度，则返回原字符串。

⑤ .strip()语法：str.strip([指定字符或字符序列])。

用于移除字符串 str 前后的指定字符或字符序列，指定字符或字符序列可以省略，默认为空格。

返回值为移除字符串前后指定的字符序列后生成的新字符串。

⑥ .lstrip()语法：str.lstrip([指定字符或字符序列])。

用于移除字符串 str 前面的指定字符或字符序列，指定字符或字符序列可以省略，默认为空格。

返回值为移除字符串前面指定的字符序列后生成的新字符串。

⑦ .rstrip()语法：str.rstrip([指定字符或字符序列])。

用于移除字符串 str 后面的指定字符或字符序列，指定字符或字符序列可以省略,默认为空格。

返回值为移除字符串后面指定的字符序列生成的新字符串。

```
str = "Python!!!"
print ('str.ljust(13):',str.ljust(13))
print ('str.ljust(13,"*"):',str.ljust(13,'*'))
print ('str.rjust(13):',str.rjust(13))
print ('str.rjust(13,"*"):',str.rjust(13,'*'))
print ('str.rjust(2,"*"):',str.rjust(2,'*'))
print ('str.center(13,"*"):',str.center(13,'*'))
print ('str.zfill(13):',str.zfill(13))
strl = "*****Hello Python!!!*****"
print ('strl.strip("*"):',strl.strip('*'))
print ('strl.lstrip("*"):',strl.lstrip('*'))
print ('strl.rstrip("!"):',strl.rstrip('!'))

运行结果:
str.ljust(13): Python!!!
str.ljust(13,"*"): Python!!!****
str.rjust(13): Python!!!
str.rjust(13,"*"): ****Python!!!
str.rjust(2,"*"): Python!!!
str.center(13,"*"): **Python!!!**
str.zfill(13): 0000Python!!!
strl.strip("*"): Hello Python!!!
strl.lstrip("*"): Hello Python!!!*****
strl.rstrip("!"): *****Hello Python!!!*****
```

（6）字符串的转换

① .maketrans()语法：str.maketrans(源字符表,目标字符表)。

用于创建字符映射的转换表，第一个参数是字符串，表示需要转换的源字符，第二个参数也是字符串，表示转换的目标字符。

② .translate()语法：str.translate(转换表)。

根据参数给出的转换表——转换字符串 str 中的字符。返回值为字符串转换后生成的新字符串。

```
>>> source_lang = "Python"
>>> target_lang = "我们是好朋友"
>>> trantab = str.maketrans(source_lang ,target_lang)    #制作转换表
>>> str = "Hi, Python!!!"
>>> print(str.translate(trantab))

运行结果：
Hi, 我们是好朋友!!!
```

2.5 常用内置函数

2.5.1 输入与输出

输入与输出是用户与 Python 程序进行交互的主要途径。通过输入语句，程序能获取运行过程中所需要的原始数据；通过输出语句，用户能够了解程序运行的中间结果和最终结果。

（1）输入函数 input()

input()函数用于向用户生成一个提示,然后获取用户输入的内容。Python 3.x 中 input()函数将用户输入的内容放入字符串中，因此用户输入任何内容，input()函数总是返回一个字符串。input()基本形式如下：

input([输入提示信息])

其中[输入提示信息]为可选信息，在运行到此条语句时显示输入提示信息，提示用户输入，用户输入后按回车键，输入的内容以字符串的形式输入到程序中。

（2）输出函数 print()

Python 通过输出函数 print()显示输出程序运行的中间结果和最终结果,基本形式如下：

print(*objects, sep='', end='\n', file=sys.stdout, flush=False)

参数说明：

① objects：表示输出的对象，*号表示一次可以输出多个对象，各个对象在 print() 函数中用“,”分隔。

② sep：表示输出显示时各个对象之间的间隔，默认间隔是一个空格。

③ end：表示输出显示时用来结尾的符号，默认值是换行符\n，可以换成其他字符串。

④ file：表示输入信息写入的文件对象。

⑤ flush：如果设置此参数值为 True，输出信息缓存流会被强制刷新，默认值为 False。

```
>>> ch1 = input("请输入第 1 个小写字母：")
请输入第 1 个小写字母：y
```

```
>>> ch2 = input("请输入第 2 个小写字母: ")
请输入第 2 个小写字母: o
>>> ch3 = input("请输入第 3 个小写字母: ")
请输入第 3 个小写字母: u
>>> ch1 = ch1.upper()                  #ch1 的类型是字符串，可以调用.upper()函数转换为大写
>>> ch2 = ch2.upper()
>>> ch3 = ch3.upper()
>>> print(ch1,ch2,ch3)                 #用默认参数输出
Y O U
>>> print(ch1,ch2,ch3,sep = ',')       #分隔号修改为逗号
Y,O,U
```

2.5.2 最值与求和

max()、min()、sum()这三个内置函数分别用于计算列表、元组或其他包含有限个元素的可迭代对象中所有元素最大值、最小值以及所有元素之和。

```
>>> from random import randint
>>> a = [randint(1,100) for i in range(10)]     #包含 10 个[1,100]之间随机数的列表
>>> print(max(a),min(a),sum(a))                 #最大值、最小值、求和
50 7 307
>>> sum(a) / len(a)                             #平均值
```

2.5.3 其他函数

（1）排序

sorted()函数可以对列表、元组、字典、集合或其他可迭代对象进行排序并返回新列表，支持使用 key 参数指定排序规则。reverse 参数可以对可迭代对象进行翻转（首尾交换）并返回可迭代的 reverse 对象。

```
>>> x = list(range(11))
>>> import random
>>> random.shuffle(x)                  #shuffle()用来随机打乱顺序
>>> x
[9, 10, 7, 1, 4, 8, 6, 2, 5, 3, 0]
>>> sorted(x)
[0, 1, 2, 3, 4, 5, 6, 7, 8, 9, 10]
>>> sorted(x,reverse = True)           #逆序
[10, 9, 8, 7, 6, 5, 4, 3, 2, 1, 0]
```

（2）枚举

enumerate()函数用来枚举可迭代对象中的元素，返回可迭代的 enumerate 对象，其中每个元素都是包含索引和值的元组。在使用时，既可以把 enumerate 对象转换为列表、元组、集合，也可以使用 for 循环直接遍历其中的元素。

```
>>> list(enumerate('abcd'))
[(0, 'a'), (1, 'b'), (2, 'c'), (3, 'd')]
>>> list(enumerate(['Python','IDLE']))
[(0, 'Python'), (1, 'IDLE')]
```

（3）map()函数

内置函数 map()把一个函数依次映射到序列的每个元素上，并返回一个可迭代的 map 对象作为结果，map 对象中每个元素是原序列中元素经过函数处理后的结果，map()函数不对原序列做任何修改。

```
def func(x):
   return x ** 3
map1 = map(func,[1,2,3,4])
for num in map1:
   print(num)

运行结果:
1
8
27
64
```

（4）reduce()函数

标准库 functools 中的函数 reduce()可以将一个接收两个参数的函数以迭代累积的方式从左到右依次作用到一个序列或迭代器对象的所有元素上，并且允许指定一个初始值。

```
>>> from functools import reduce
>>> reduce(lambda x,y:x+y,range(1,10))
45
```

（5）filter()函数

内置函数 filter()将一个单参数函数作用到一个序列上，返回该序列中使得该函数返回值为 True 的那些元素组成的 filter 对象，如果指定函数为 None，则返回序列中等价于 True 的元素。在使用时，可以把 filter 对象转换为列表、元组、集合，也可以直接使用 for 循环遍历其中的元素。

```
def is_below(x):
    return x < 0
a = list(filter(is_below,[-1,3,4,3,-2]))
print(a)

运行结果:
[-1, -2]
```

（6）range()函数

range()函数的语法形式为 range([start,] stop [,step])，该函数返回具有惰性求值特点的 range 对象，参数说明如下：

① start：计数从 start 开始，默认是从 0 开始。例如：range(5)等价于 range(0,5)。

② stop：计数到 stop 结束，但不包括 stop。例如：range(0,5) 是[0, 1, 2, 3, 4]，不包含 5。

③ step：步长，默认为 1。例如：range(0,5) 等价于 range(0, 5, 1)。

```
>>> range(5)                        #start 默认为 0，step 默认为 1
range(0, 5)
>>> list(range(1,10,2))
[1, 3, 5, 7, 9]
>>> list(range(9,0,-2))             #步长为负数时，start 应比 stop 大
[9, 7, 5, 3, 1]
```

（7）zip()函数

zip()函数用来把多个可迭代对象中对应位置上的元素压缩到一起，返回一个可迭代的 zip 对象，其中每个元素都是包含原来多个可迭代对象对应位置上元素的元组，最终结果中包含的元素个数取决于所有参数序列或可迭代对象中最短的那个。

```
>>> list(zip('abcd',[1,2,3,4]))
[('a', 1), ('b', 2), ('c', 3), ('d', 4)]
>>> list(zip('abcd',[1,2,3],',.!'))         #最终结果取决于最短的对象
[('a', 1, ','), ('b', 2, '.'), ('c', 3, '!')]
>>> x = zip('123','abc')
>>> list(x)
[('1', 'a'), ('2', 'b'), ('3', 'c')]
>>> list(x)                                 #zip 对象只能遍历一次，访问过的元素就不存在了
[]
```

习题

1. 以下语句的输出结果是（　　）。

```
ch = 'q'
if ch >= 'A' and ch <= 'Z':
    print("This is a capital letter\n")
else:
    print("This is not a capital letter\n")
```

A. This is not a capital letter　　B. This is a capital letter

C. This is not a capital letter\n　　D. This is not a capital letter:q

2. 若字符串 s='a\nb\tc'，则 len(s)的值是（　　）。

A. 7　　B. 6　　C. 5　　D. 4

3. 下面哪个不是 Python 合法的标识符？（　　）

A. int32　　B. 40XL　　C. self　　D. _name_

4. 下列表达式的值为 True 的是（　　）。

A. 2!=5 or 0　　B. 3<=2&1<=2

C. 5+4j == 2-3j　　D. 1 and 5==0

5. 若字符串 s='a\nb\tc'，则 len(s)的值是(　　)。

A. 7　　B. 6　　C. 5　　D. 4

6. 以下语句能输出如下图形的是（　　）。

```
*
**
***
```

A. print('*','**','***') B. print('*','**','***',sep='\n')

C. print('*','**','***',end='\n') D. 以上都不对

7. 语句 x=input()执行时，如果从键盘输入 12 并按回车键，则 x 的值是（ ）。

A. 12 B. 12.0 C. '12' D. (12)

8. 执行 print('-'.join('hello python'))的输出结果是（ ）。

A. h-e-l-l-o--p-y-t-h-o-n B. -h-e-l-l-o--p-y-t-h-o-n-

C. h-e-l-l-o--p-y-t-h-o-n- D. h-e-l-l-o p-y-t-h-o-n

9. 假设有一句英文，其中某个单词中有个不在两端的字母误写作大写，编写程序使用正则表达式进行检查和纠正为小写。注意，不要影响每个单词两端的字母。

```
import re

def checkModify(s):
    return re.sub(r'\b(\w)(\w+)(\w)\b',
                  lambda x: x.group(1)+x.group(2).lower()+x.group(3),
                  s)
print(checkModify('aBc ABBC D eeee fFFFfF'))
```

10. 编写函数，接收一句英文，把其中的单词倒置，标点符号不倒置，例如 I like Beijing 经过函数变换为：Beijing like I。

```
def rev(s):
return ' '.join(reversed(s.split()))
ch1 = input("输入一段英文：")
print(rev(ch1))
```

11. 编写函数，接收一个字符串，返回其中最长的数字子串。

```
def longest(s):
    result = []
    t = []
    for ch in s:
        if '0'<=ch<='9':
            t.append(ch)
        elif t:
            result.append(''.join(t))
            t = []
    if t:
        result.append(''.join(t))

    if result:
        return max(result, key=len)
    return 'No'

ch1 = input("输入一个字符串：")
print(longest(ch1))
```

第3章

数据结构

本章将介绍一个新概念——数据结构（data structure）。数据结构是带有结构特性的数据元素的集合，它研究的是数据的逻辑结构和数据的物理结构以及它们之间的相互关系，并对这种结构定义相适应的运算，设计出相应的算法，并确保经过这些运算以后所得到的新结构仍保持原来的结构类型。简而言之，数据结构是相互之间存在一种或多种特定关系的数据元素的集合，即带“结构”的数据元素的集合。“结构”就是指数据元素之间存在的关系，分为逻辑结构和存储结构。在Python中，最基本的数据结构为序列（sequence）。本章将介绍序列中的列表、元组、字典和集合。

本章学习目标

1. 掌握列表的类型特点和自身提供的方法。
2. 掌握元组的使用方法。
3. 掌握字典的使用方法。
4. 掌握集合的使用方法。

3.1 列表

以表格为容器，装载着文字或图表的形式称为列表。列表是可变的，这就意味着它们的内容可以在程序运行中进行改变。列表是动态数据结构，这就意味着列表可以添加和删除元素。可以在程序中使用索引、切片和处理列表的各种方法。列表的所有元素放在一对方括号[]中，相邻元素之间使用逗号分隔，同一列表元素的数据类型可以各不相同，可以同时包含整数、实数、字符串等基本类型的元素，也可以包含列表、元组、字典、集合、函数以及其他任意对象。如果只有一对方括号而没有任何元素则表示空列表。例如：

※[10,20,30,40]→整数

※['python','love you','lark vomit'] →字符串

※['python',2.0,4,[10,20]]→字符串,小数，整数，列表

※[['file1',200,5,],['file2',250,6]]→列表嵌套列表

※[{4},{5:9},(1,2,3)]→集合，字典，元组

3.1.1 列表创建与删除

列表是包含多个数据项的对象。存储在列表中的每个数据项称为元素。下面是创建一个整数列表的语句：

Numbers=[2,4,6,8,10]

括号中用逗号分隔的数据项是列表元素。执行该语句之后，Numbers 变量将引用列表。如图 3-1 所示。

Numbers →	2	4	6	8	10

图 3-1 整数列表

（1）列表元素的创建

创建一个字符串列表的语句：

String=['Python','love you','lark vomit']

该语句创建了含 3 个字符串的列表。执行该语句后，String 变量将引用列表。如图 3-2 所示。

String →	Python	love you	lark vomit

图 3-2 字符串列表

列表可以容纳不同类型的元素，如以下示例所示：

Info=['Python',2.0,4]

该语句创建了一个包含字符串、小数、整数类型的数据列表。执行该语句之后，Info 变量将引用如图 3-3 所示的列表。

Info →	Python	2.0	4

图 3-3 包含不同类型的数据列表

（2）列表元素的删除

① 使用 del 语句删除列表中的指定位置的元素。如果该元素在列表中，某些情况可能需要在特定的索引位置删除元素，无论在该索引位置存储的是什么元素。可以使用 del 语句来实现，下面是使用 del 语句的例子：

```
>>>list=[1,2,3,4,5]
>>>print('原始 list',list)
>>>del list[2]
>>>print('经过索引删除的 list',list)

代码将显示以下结果:
原始 list [1, 2, 3, 4, 5]
经过索引删除的 list [1, 2, 4, 5]
```

② 使用列表 pop()方法删除并返回指定（默认为最后一个）位置上的元素，如果给定的索引超出列表的范围，则抛出异常。

使用 pop()方法代码如下：

```
>>>L1 = [54, 26, 93, 17, 77, 31, 44, 55, 20]
>>>print('原始 list',L1)
>>>L1.pop()

>>>print('经过 pop 删除的 list',L1)

代码将显示以下结果:
原始 list [54, 26, 93, 17, 77, 31, 44, 55, 20]经过 pop 删除的 list [54, 26, 93,
17, 77, 31, 44, 55]
```

③ 使用列表的 remove()方法能够删除列表中首次出现的指定元素，如果列表中不存在该元素则抛出异常。有的时候可能需要删除列表中某一大量重复的数据，我们很容易就会想到列表的 remove()方法，例如：

```
>>>x=[1,2,1,2,1,2,1,2]
>>>y=[1,1,2,1,2,1,2,1,1,1,2]
>>>for i in x:
    if i==1:
        x.remove(i)
>>>print("List_1=",x)
>>>for i in y:
    if i==1:
        y.remove(i)

>>>print("List_2=",y)

代码将显示以下结果:
List_1= [2, 2, 2, 2]
List_2= [2, 2, 2, 1, 1, 2]
```

3.1.2 访问列表元素

要访问列表（Accessing a list），我们可以简单地打印列表对象，然后将完整的列表作为输出打印。

句法：print (list_object)

示例代码如下：

```
>>># declaring lists
>>>list1 = [10, 20, 30, 40, 50, 10, 60, 10]
>>>list2 = ["Hello", "IncludeHelp"]
>>>list3 = ["Hello", 10, 20, "IncludeHelp"]
>>># printing the list and its elements
>>>print("list1: ", list1)
>>>print("list2: ", list2)
>>>print("list3: ", list3)
```

```
>>># printing the types
>>>print("Type of list1 object: ", type(list1))
>>>print("Type of list2 object: ", type(list2))
>>>print("Type of list3 object: ", type(list3))
```

代码将显示以下结果:

```
list1:  [10, 20, 30, 40, 50, 10, 60, 10]
list2:  ['Hello', 'IncludeHelp']
list3:  ['Hello', 10, 20, 'IncludeHelp']
Type of list1 object:  <class 'list'>
Type of list2 object:  <class 'list'>
Type of list3 object:  <class 'list'>
list3:  ['Hello', 10, 20, 'IncludeHelp']
Type of list1 object:  <class 'list'>
```

在此示例中，我们将声明并分配列表，打印其类型，并打印列表。要找到对象的类型，我们使用 type()方法。

根据索引访问列表元素（Accessing list elements based on the index）。要基于给定的索引访问列表元素，只需将索引从 0 开始传递到 length–1 即可访问特定元素，还可以传递负索引以相反的顺序访问列表元素（–1 访问最后一个元素，–2 访问倒数第二个元素，依此类推）。

句法：list_object[index]

示例代码如下：

```
>>># declaring lists
>>>list1 = [10, 20, 30, 40, 50]

>>># Accessing the elements of a list by its index
>>>print("list1[0]: ", list1[0])
>>>print("list1[1]: ", list1[1])
>>>print("list1[2]: ", list1[2])
>>>print("list1[3]: ", list1[3])
>>>print("list1[4]: ", list1[4])
>>>print() # prints a new line

>>># Accessing the elements of a list by its index
>>># in reverse order

>>>print("list1[-1]: ", list1[-1])
>>>print("list1[-2]: ", list1[-2])
>>>print("list1[-3]: ", list1[-3])
>>>print("list1[-4]: ", list1[-4])
>>>print("list1[-5]: ", list1[-5])
```

代码将显示以下结果:

```
list1[0]:  10
```

```
list1[1]:  20
list1[2]:  30
list1[3]:  40
list1[4]:  50

list1[-1]:  50
list1[-2]:  40
list1[-3]:  30
list1[-4]:  20
list1[-5]:  10
```

我们还可以通过定义 start_index 和 end_index 使用列表切片来访问一组元素。

句法：list_object[[start]:[end]]

示例代码如下：

```
>>># declaring lists
>>>list1 = [10, 20, 30, 40, 50]

>>># printing list
>>>print("list1: ", list1)

>>># printing elements using list slicing

>>># prints 5 elements from starting
>>>print("list1[:5]: ", list1[:5])
>>># prints 3 elements from starting
>>>print("list1[:3]: ", list1[:3])

>>># prints all elements from the index 0
>>>print("list1[0:]: ", list1[0:])
>>># prints all elements from the index 3
>>>print("list1[3:]: ", list1[3:])

>>># prints the elements between index 2 to 3
>>>print("list1[2:3]: ", list1[2:3])
>>># prints the elements between index 0 to 4
>>>print("list1[0:4]: ", list1[0:4])
>>># prints the elements between index 1 to 4
>>>print("list1[1:4]: ", list1[1:4])

>>># prints elements in the reverse order
>>>print("list1[ : : -1]: ", list1[ : : -1])

代码将显示以下结果:
list1[-1]:  50
```

```
list1[-2]:  40
list1[-3]:  30
list1[-4]:  20
list1[-5]:  10
list1:  [10, 20, 30, 40, 50]
list1[:5]:  [10, 20, 30, 40, 50]
list1[:3]:  [10, 20, 30]
list1[0:]:  [10, 20, 30, 40, 50]
list1[3:]:  [40, 50]
list1[2:3]:  [30]
list1[0:4]:  [10, 20, 30, 40]
list1[1:4]:  [20, 30, 40]
list1[ : : -1]:  [50, 40, 30, 20, 10]
```

3.1.3 列表常用方法

方法是与对象（列表、数、字符串等）联系紧密的函数。通常，像下面这样调用方法：object.method(arguments)。

方法调用与函数调用很像，只是在方法名前加上了对象和句点。列表包含多个可用来查看或修改其内容的方法。

（1）append( )

在列表末尾添加元素，需要注意以下几点。

① append( )中添加的参数作为一个整体。

```
>>>name = list("scott")
>>>print(name)
>>>name.append(list(" tiger"))
>>>print(name)

代码将显示以下结果:
['s', 'c', 'o', 't', 't']
['s', 'c', 'o', 't', 't', [' ', 't', 'i', 'g', 'e', 'r']]
```

注意：得到的值不是['s', 'c', 'o', 't', 't', ' ', 't', 'i', 'g', 'e', 'r']。如果想要这种的追加方式，可以试试分片赋值（或者下面说到的 extend 方法）。

示例代码如下：

```
>>>name = list("scott")
>>>print(name)
>>>name[len(name):] = list(" tiger")  # 从末尾追加
>>>print(name)

代码将显示以下结果:
['s', 'c', 'o', 't', 't']
['s', 'c', 'o', 't', 't', ' ', 't', 'i', 'g', 'e', 'r']
```

② append( )一次只能添加一个元素。

```
>>>name = list("scott")
>>>print(name)
>>>name.append("A","B")          #添加多个元素即将报错
>>>print(name)

代码将显示以下结果:
Traceback (most recent call last):
File "<stdin>", line 1, in ?
TypeError: append() takes exactly one argument (2 given)
>>>name.append("A")
>>>print(name)

代码将显示以下结果:
['s', 'c', 'o', 't', 't', 'A']
```

（2）count( )

统计某个元素在列表中出现的次数。

示例代码如下：

```
>>>name = list("scott")
>>>print(name)
>>>name.count('s')
>>>print(name.count('s'))

代码将显示以下结果:
['s', 'c', 'o', 't', 't']
1

>>>name.count("t")
>>>print(name.count("t"))

代码将显示以下结果:
2

>>>name.count("A")
>>>print(name.count("A"))

代码将显示以下结果:
0

>>>name.append(list("Python"))
>>>print(name)
>>>name.count(['P', 'y', 't', 'h', 'o', 'n'])
>>>print(name.count(['P', 'y', 't', 'h', 'o', 'n']))

代码将显示以下结果:
```

```
['s', 'c', 'o', 't', 't', ['P', 'y', 't', 'h', 'o', 'n']]
1
```

（3）extend( )

在原列表中追加另一个序列中的多个值。

```
>>>name = list("scott")
>>>print(name)
>>>name.extend(list(" tiger"))
>>>print(name)

代码将显示以下结果:
['s', 'c', 'o', 't', 't']
['s', 'c', 'o', 't', 't', ' ', 't', 'i', 'g', 'e', 'r']
```

同样，可以用分片赋值来实现：

```
>>>name = list("scott")
>>>print(name)
>>>name[len(name):] = list(" tiger")
>>>print(name)

代码将显示以下结果:
['s', 'c', 'o', 't', 't']
['s', 'c', 'o', 't', 't', ' ', 't', 'i', 'g', 'e', 'r']
```

同样，也可以直接用操作符“+”：

```
>>>name = list("scott")
>>>pwd = list(" tiger")
>>>new=name + pwd
>>>print(new)

代码将显示以下结果:
['s', 'c', 'o', 't', 't']
['s', 'c', 'o', 't', 't', ' ', 't', 'i', 'g', 'e', 'r']
```

extend( )和分片赋值都是修改原列表，相对而言，extend( )可读性强些，而操作符“+”是生成一个新的列表，不影响原列表。

（4）index( )

从列表中找出某个值第一个（注意是第一个）匹配项的索引位置。

示例代码如下：

```
>>>name = list("scott")
>>>print(name)
>>>name.index('t')      ##第一个字母 t 的索引位置是 3
>>>print(name.index('t'))

代码将显示以下结果:
['s', 'c', 'o', 't', 't']
```

```
3

>>>name.index('a')
>>>print(name.index('a'))

代码将显示以下结果:
Traceback (most recent call last):
File "<stdin>", line 1, in ?
ValueError: list.index(x): x not in list

>>>print('a' in name)
>>>print('a' not in name)

代码将显示以下结果:
False
True
```

（5）insert( )

用于将对象插入到列表中，有两个参数，第一个是索引位置，第二个是插入的元素对象。这里需要注意的是，如果是插入一个元素，需要用[]括起来，不然，如果直接用字符串，是插入字符串的列表，在索引位置之后添加。

```
>>>name = list("scott")
>>>print(name)
>>>name.insert(2, 'tiger')  ##在索引为 2 的地方插入字符串 tiger
>>>print(name)

代码将显示以下结果:
['s', 'c', 'o', 't', 't']
['s', 'c', 'tiger', 'o', 't', 't']
```

（6）pop( )

移除列表中的一个元素（最后一个元素），并返回该元素的值，这里用 pop( )和 append( )模拟了栈的先进先出（FIFO）。

```
>>>name = list("scott")
>>>print(name)
>>>name.pop()
>>>print(name)
>>>name.append("t")
>>>print(name)

代码将显示以下结果:
['s', 'c', 'o', 't', 't']
['s', 'c', 'o', 't']
['s', 'c', 'o', 't', 't']
```

（7）remove( )

移除列表中某个值的第一匹配项：如果有两个相等的元素，就只是移除匹配的一个元素，如果某元素不存在某列表中，便会报错，而且一次只能移除一个元素。

示例代码如下：

```
>>>name = list("scott")
>>>print(name)
>>>name.remove("t")          #去掉第一个 t
>>>print(name)
>>>name.remove("A")          #不存在会报错
>>>print(name.remove("A"))
>>>name.remove("s","c")      #一次只能移除一个元素
>>>print(name.remove("s","c") )

代码将显示以下结果：
['s', 'c', 'o', 't', 't']
['s', 'c', 'o', 't']
Traceback (most recent call last):
File "<stdin>", line 1, in ?
ValueError: list.remove(x): x not in list
Traceback (most recent call last):
File "<stdin>", line 1, in ?
TypeError: remove() takes exactly one argument (2 given)
```

（8）sort( ) 和 sorted( )

用于对列表进行排序，修改原列表，不会返回一个已排序的列表副本。

示例代码如下：

```
>>>result = [8, 5, 5, 3, 9]
>>>result.sort()
>>>print(result)

代码将显示以下结果：
[3, 5, 5, 8, 9]
```

3.1.4 列表的遍历

① 最简单常用的是用 for 遍历列表。

示例代码如下：

```
>>>list = [2, 3, 4]
>>>for num in list:
   print(num)

代码将显示以下结果：
```

```
2
3
4
```

② 利用 Python 内置函数 enumerate()列举出 list 中的数。

句法：enumerate(sequence, [start=0])

返回枚举对象。

参数：

sequence：序列、迭代器或其他支持迭代的对象。

start：下标起始位置。

示例代码如下：

```
>>>list = [2, 3, 4]
>>>for i in enumerate(list):
    print(i)

代码将显示以下结果：
(0, 2)
(1, 3)
(2, 4)
```

③ 使用 iter()迭代器。

句法：iter(object[, sentinel])

函数用来生成迭代器，返回迭代对象。

参数：

object：支持迭代的集合对象。

sentinel：如果传递了第二个参数，则参数 object 必须是一个可调用的对象（如函数），此时，iter()创建了一个迭代器对象，每次调用这个迭代器对象的__next__()方法时，都会调用 object。

示例代码如下：

```
>>>list = [2, 3, 4]
>>>for i in iter(list):
    print (i)

代码将显示以下结果：
2
3
4
```

④ 使用 range()函数。

句法：python range(start, end[, step])

函数返回类型是 ndarray，可用 list()返回一个整数列表，一般用在 for 循环中。

参数：

start：计数从 start 开始，默认是从 0 开始。例如 range(5)等价于 range(0，5)。

Stop：计数到 Stop 结束，但不包括 Stop。例如：range(0，5)是[0, 1, 2, 3, 4]，没有 5。

step：步长，默认为 1。例如：range(0，5)等价于 range(0, 5, 1)。

示例代码如下：

```
>>>list = [2, 3, 4]
>>>for i in range(len(list)):
   print(i,list[i])

代码将显示以下结果:
0 2
1 3
2 4
```

3.2 元组

3.2.1 元组的定义

与列表类似，元组也是由任意类型元素组成的序列。与列表不同的是，元组是不可变的，这意味着一旦元组被定义，将无法再进行增加、删除或修改元素等操作。因此，元组就像是一个常量列表。

（1）通过()来定义

变量名=(1,2,3,4)

是以逗号分割的，以小括号包围的序列。

（2）通过 tuple()函数定义

lst=[1,2,3,4] 变量名=tuple(lst)

（3）元组的优点

由于元组不可变，所以遍历元组比列表要快（较小的性能提升）。

3.2.2 元组的创建

示例代码如下：

```
>>>tup = 1, 2.2, True, 'hhh'

>>>print(tup)

>>>print(type(tup))

代码将显示以下结果:
(1, 2.2, True, 'hhh')
```

使用逗号和括号，示例代码如下：

```
>>>tup = (1, 2.2, True, 'hhh')
```

```
>>>print(tup)
>>>print(type(tup))

代码将显示以下结果:
(1, 2.2, True, 'hhh')
<class 'tuple'>
```

3.2.3 元组的访问与修改

（1）访问元组

① 通过索引，默认从0开始。

示例代码如下：

```
>>>tup = (1, 2.2, True, 'hhh')
>>>ret = tup[3]  # 如果索引越界，则会报错
>>>print(ret)    # hhh

代码将显示以下结果:
hhh
```

② 通过切片来获取内容。

示例代码如下：

```
>>>tup = (1, 2.2, True, 'hhh')
>>>tup1 = tup[0:4:1]
>>>print(tup1)
>>>print(tup)

代码将显示以下结果:
(1, 2.2, True, 'hhh')
(1, 2.2, True, 'hhh')
```

（2）元组的修改

Python中不允许修改元组的数据，包括不能删除其中的元素。但是，如果元素本身是一个可变数据类型的列表，那么其嵌套项可以被改变。

示例代码如下：

```
>>>tup = (('lee', 21), ('gong', 20),[1,2,3])
>>>tup[2].insert(1,7)
>>>print(tup)

代码将显示以下结果:
(('lee', 21), ('gong', 20), [1, 7, 2, 3])
```

3.2.4 元组的遍历

使用for循环进行元组的遍历：

示例代码如下：

```
>>>tup = (('lee', 21), ('gong', 20))
>>>for tup1 in tup:
    print(tup1)
    for tup2 in tup1:
      print(tup2)
```

代码将显示以下结果：

```
('lee', 21)
lee
21
('gong', 20)
gong
20
```

3.3 字典

字典（dictionary）与列表类似，但其中元素的顺序无关紧要，因为它们不是通过像 0 或 1 的偏移量访问的。取而代之，每个元素拥有与之对应的互不相同的键（key），需要通过键来访问元素。键通常是字符串，但它还可以是 Python 中其他任意的不可变类型——布尔型、整型、浮点型、元组、字符串，以及其他一些在后面的内容中会见到的类型。字典是可变的，因此用户可以增加、删除或修改其中的键值对。

3.3.1 字典的创建与删除

创建字典有两种方式：

① 使用{}。

② 使用内置函数 dict()。

示例代码如下：

```
>>>dictionary = {"a": 1, "b": 2, "c": 3}

>>>print(dictionary)

>>>s = dict(name="python", value=123)

>>>print(s)
```

代码将显示以下结果：

```
{'a': 1, 'b': 2, 'c': 3}
{'name': 'python', 'value': 123}
```

字典的删除：del 语句删除一个键值对，clear 语句清空字典。

示例代码如下：

```
>>>dictionary = {"a": 1, "b": 2, "c": 3, "d": 4}
```

```
>>>print(dictionary)
>>>del dictionary["d"]
>>>print(dictionary)
>>>dictionary.clear()
>>>print(dictionary)

代码将显示以下结果:
{'a': 1, 'b': 2, 'c': 3, 'd': 4}
{'a': 1, 'b': 2, 'c': 3}
{}
```

3.3.2 字典元素的访问

访问 Python 字典中元素的几种方式：

（1）通过“键值对”（key-value）访问

示例代码如下：

```
>>>dict = {1: 1, 2: 'aa', 'D': 'ee', 'Ty': 45}
>>>print(dict['D'])

代码将显示以下结果:
ee
```

示例代码如下：

```
>>>dict = {1: 1, 2: 'aa', 'D': 'ee', 'Ty': 45}
>>>print(dict.get(2))
>>>print(dict.get(3))

>>>print(dict.get(4, ['字典中不存在键为 4 的元素']))

代码将显示以下结果:
aa
None
['字典中不存在键为 4 的元素']
```

（2）遍历字典

① 使用字典对象的 dict.items()方法获取字典的各个元素即“键值对”的元素列表。

示例代码如下：

```
>>>dict = {1: 1, 2: 'aa', 'D': 'ee', 'Ty': 45}
>>>for item in dict.items():
print(item)

代码将显示以下结果:
(1, 1)

(2, 'aa')
```

```
('D', 'ee')
('Ty', 45)
```

② 获取到具体的每个键和值。

示例代码如下：

```
>>>dict = {1: 1, 2: 'aa', 'D': 'ee', 'Ty': 45}
>>>for key, value in dict.items():

    print(key, value)

代码将显示以下结果:
1 1
2 aa
D ee
Ty 45
```

③ 还可以使用 keys()和 values()方法获取字典的键和值列表。

示例代码如下：

```
>>>dict = {1: 1, 2: 'aa', 'D': 'ee', 'Ty': 45}
>>>for key in dict.keys():
    print(key)
>>>for value in dict.values():
    print(value)
代码将显示以下结果:
1
2
D
Ty
1
aa
ee
45
```

3.3.3 元素的添加、修改与删除

（1）添加字典元素

方法一：直接添加，给定键值对。

示例代码如下：

```
>>>aa = {'人才':60,'英语':'english','address':'here'}
>>>print(aa)
>>>aa['价格'] = 100
>>>print(aa)

代码将显示以下结果:
```

```
{'人才': 60, '英语': 'english', 'address': 'here'}
{'人才': 60, '英语': 'english', 'address': 'here', '价格': 100}
```

方法二：使用 update()方法。

示例代码如下：

```
>>>xx = {'hhh':'gogogo'}
>>>aa.update(xx)
>>>print(aa)

代码将显示以下结果:
{'人才': 60, '英语': 'english', 'address': 'here', '价格': 100, 'hhh':
'gogogo'}
```

（2）删除字典元素

方法一：del()函数。

示例代码如下：

```
>>>del[aa['adress']]
>>>print(aa)

代码将显示以下结果:
{'人才': 60, '英语': 'english', '价格': 100, 'hhh': 'gogogo'}
```

方法二：pop()函数。

示例代码如下：

```
>>>vv = aa.pop('人才')
>>>print(vv)
>>>print(aa)

代码将显示以下结果:
60
{'英语': 'english', '价格': 100, 'hhh': 'gogogo'}
```

方法三：clear()函数，删除所有。

示例代码如下：

```
>>>aa.clear()
>>>print(aa)

代码将显示以下结果:
{}
```

（3）修改字典元素

第一种方式：[key]。说明：字典中存在 key 时为修改 value，不存在 key 则是添加 key-value 到字典中。

示例代码如下：

```
>>>smart_girl = {"name":"yuan wai", "age": 25}
>>>print(smart_girl)
>>>smart_girl["age"] = 35
```

```
>>>print(smart_girl)

代码将显示以下结果:
{'name': 'yuan wai', 'age': 25}
{'name': 'yuan wai', 'age': 35}
```

第二种方式：update()方法（使用关键字参数）。update()方法执行时，字典中未找到对应的 key，也会自动添加一个 key-value 到字典中。

示例代码如下：

```
>>>smart_girl.update(name = "tyson", age = 80)
>>>print(smart_girl)

代码将显示以下结果:
{'name': 'tyson', 'age': 80}
```

第三种方式：update()方法（使用解包字典）。

示例代码如下：

```
>>>smart_girl.update(**{"age": 50})
>>>print(smart_girl)

代码将显示以下结果:
{'name': 'tyson', 'age': 50}
```

第四种方式：update()方法（使用字典对象）。说明：update()方法里面也可以直接处理一个字典对象。

示例代码如下：

```
>>>smart_girl.update({"name": "da ye", "age" : 30, "address" : "beijing "})
>>>print(smart_girl)

代码将显示以下结果:
{'name': 'da ye', 'age': 30, 'address': 'beijing '}
```

3.4 集合

集合是无序可变的，元素不能重复。实际上，集合底层是字典实现，集合的所有元素都是字典中的“键对象”，因此是不能重复且唯一的。如图 3-4 所示。

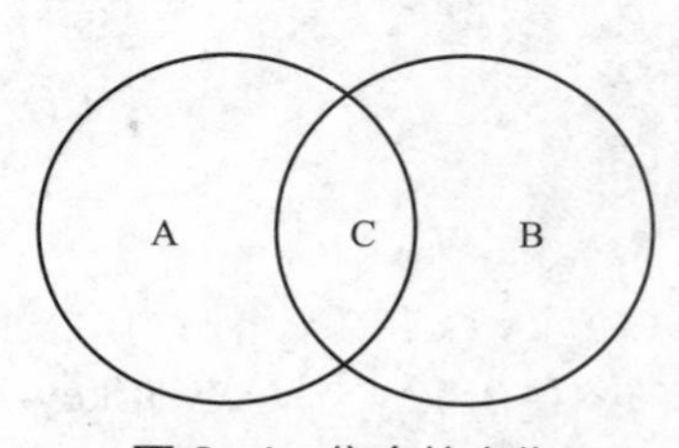

图 3-4　集合的交集

3.4.1　集合对象的创建与删除

① 使用{}创建集合对象,并用 add()方法添加元素。

示例代码如下：

```
>>>a = {1, 5, 9}
>>>print(type(a))
>>>a.add(34)
```

```
>>>print(a)

代码将显示以下结果:
<class 'set'>
{1, 34, 5, 9}
```

② 使用 pop()方法删除元素。

示例代码如下：

```
>>>s = {6,7,8,9}
>>>s.pop() #随机删除集合中的一个元素
>>>print(s)
>>>s.remove(6)
>>>print(s)

代码将显示以下结果:
{9, 6, 7}
{9, 7}
```

注意：

s.remove(x) #将元素 x 从集合 s 中移除，如果元素不存在，则会发生错误。

s.discard(x) #移除集合中的元素 x，且如果元素不存在，不会发生错误。

3.4.2 集合的操作与运算

集合的交、并、补（差）集操作，示例代码如下：

```
>>>s1 = {1,2,3}
>>>s2 = {2,3,4}
>>>#并集
>>>print('并集:',s1.union(s2))
>>>print('并集:',s1 | s2)>>>#交集
>>>print('交集:',s1.intersection(s2))
>>>print('交集:',s1 & s2)>>>#差集
>>>print('差集:',s1.difference(s2))
>>>print('差集:',s2.difference(s1))

代码将显示以下结果:
并集: {1, 2, 3, 4}
并集: {1, 2, 3, 4}
交集: {2, 3}
交集: {2, 3}
差集: {1}
差集: {4}
```

习题

1. 创建一个名为 number_list 的列表，存储 1 到 10 的整数。

2. 在 number_list 中，哪些整数是 3 的倍数？

3. 创建一个名为 things 的列表，包含以下三个元素："mozzarella""cinderella" 和"salmonella"。

4. 创建一个名为 dict 的英法字典并打印出来。这里提供一些单词对：dog 和 chien，cat 和 chat，walrus 和 morse。

5. 使用用户仅包含三个词的字典 dict 查询并打印出 walrus 对应的法语单词。

6. 创建并打印由 dict 的键组成的英语单词集合。

7. 创建空集合 a_Set。

8. 创建一个集合 b_Set，含有 1000 个元素，每个元素是 0～10000 之间的一个随机数。

9. 创建一个集合 c_Set，含有 1000 个元素，每个元素是 8000～20000 之间的一个随机数。

第4章

选择结构与循环结构

前面章节编写的程序都是直线式的，由一系列依次执行的 Python 语句组成。这些程序按顺序执行语句，没有分支，也不会返回到以前的语句。本章介绍如何使用选择结构和循环结构来改变语句的执行顺序。

本章学习目标

1. 理解条件表达式与 True、False 的关系。
2. 熟练运用常见选择结构。
3. 熟练运用 for 循环和 while 循环。
4. 理解 break 语句和 continue 语句在循环中的运用。

4.1 条件表达式

绝大部分合法的 Python 表达式都可以作为条件表达式。在选择和循环结构中，条件表达式的值只要不是 False、0（或 0.0、0j 等）、空值 None、空列表、空元组、空集合、空字典、空字符串、空 range 对象或其他空迭代对象，Python 解释器均认为与 True 等价。

4.1.1 关系运算符

关系运算符也称比较运算符，用于对常量、变量或表达式的结果进行大小、真假等比较，如果比较结果为真，则返回 True；反之，则返回 False。Python 支持的关系运算符如表 4-1 所示。Python 中的关系运算符可以连续使用，这样不仅可以减少代码量，也比较符合人类的思维方式。

表 4-1 Python 关系运算符

关系运算符	功能
>	大于，如果运算符前面的值大于后面的值，则返回 True；否则返回 False
>=	大于或等于，如果运算符前面的值大于或等于后面的值，则返回 True；否则返回 False
<	小于，如果运算符前面的值小于后面的值，则返回 True；否则返回 False
<=	小于或等于，如果运算符前面的值小于或等于后面的值，则返回 True；否则返回 False

续表

关系运算符	功能
==	等于，如果运算符前面的值等于后面的值，则返回 True；否则返回 False
!=	不等于，如果运算符前面的值不等于后面的值，则返回 True；否则返回 False
is	判断两个变量所引用的对象是否相同，如果相同则返回 True
is not	判断两个变量所引用的对象是否不相同，如果不相同则返回 True

下面程序示范了比较运算符的基本用法：

```
>>> print("5 是否大于 4：", 5 > 4)
5 是否大于 4： True
>>> print("3 的 4 次方是否大于等于 90.0：", 3 ** 4 >= 90)
3 的 4 次方是否大于等于 90.0： False
>>> print("20 是否大于等于 20.0：", 20 >= 20.0)
20 是否大于等于 20.0： True
>>> print("5 和 5.0 是否相等：", 5 == 5.0)
5 和 5.0 是否相等： True
>>> print("True 和 False 是否相等：", True == False)
True 和 False 是否相等： False
```

4.1.2 逻辑运算符

逻辑运算符 and、or、not 分别表示逻辑与、逻辑或、逻辑非。对于 and 而言，必须两侧的表达式都等价于 True，整个表达式才等价于 True。对于 or 而言，只要两侧的表达式中有一个等价于 True，整个表达式就等价于 True；对于 not 而言，如果后面的表达式等价于 False，整个表达式就等价于 True。

逻辑运算符 and 和 or 具有短路求值或惰性求值的特点，可能不会对所有表达式进行求值，而是只计算必须计算的表达式的值。Python 支持的逻辑运算符如表 4-2 所示。

表 4-2 Python 逻辑运算符

运算符	逻辑表达式	描述
and	x and y	布尔“与”——如果 x 为 False，x and y 返回 False，否则它返回 y 的计算值
or	x or y	布尔“或”——如果 x 是非 0，它返回 x 的值，否则它返回 y 的计算值
not	not x	布尔“非”——如果 x 为 True，返回 False；如果 x 为 False，它返回 True

下面程序示范了逻辑运算符的基本用法：

```
>>>x = 10
>>>y = 20
>>>if x > 0 or y > 0:
>>>     print(" x 和 y 至少有一个是正数")
x 和 y 至少有一个是正数
```

4.2 选择结构

选择结构也称为决策结构（selection structure），这种结构是程序在某些特定的环境下才执行某些语句。选择结构包含单分支选择结构、双分支选择结构、多分支选择结构和选择结构的嵌套。

4.2.1 单分支选择结构

在 Python 语言中，我们用 if 语句来实现一个单分支选择结构（single alternative decision structure）。下面是 if 语句的通用格式：

if 条件:

语句 1

语句 2

…

简单起见，我们称第一行为 if 从句（if clause）。该从句是以 if 开头，后边是以冒号结尾的条件（condition）。条件是一个最终定值为“成立/为真（True）”或“不成立/为假（False）”的表达式。从下一行开始，就是一个语句块（block of statement）。所谓语句块就是一组关联语句的集合。请注意，在上面这个通用格式中，语句块中的所有语句都是统一缩进的。这个缩进是必须遵循的，因为 Python 解释器就是通过缩进来识别语句块的开始和结束。

if 语句执行时，首先测试条件。若条件为真（成立），则执行 if 语句下面的语句块；若条件为假（不成立），则跳过该语句块。图 4-1 是单分支选择结构的程序流程图。

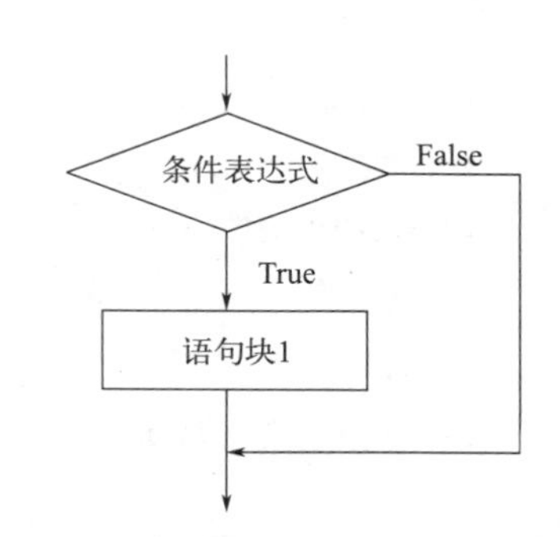

图 4-1　单分支选择结构的程序流程图

下面程序示范了单分支选择结构的基本用法：

```
>>>num = input("输入一个数字: ")
>>>if int(num)<10:
>>>print(num)
```

4.2.2 双分支选择结构

上一节介绍了仅有一条可选执行路径的单分支选择结构（if 语句）。现在，我们来学习具有两条可执行路径的双分支选择结构（dual alternative decision structure）。即当条件为真时执行一条路径，条件为假时执行另一条路径。下面是双分支选择结构的通用格式：

if 表达式:

语句块 1

else:

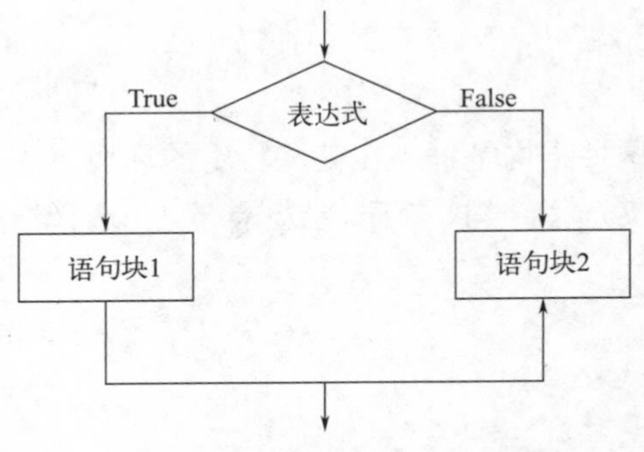

图 4-2 双分支选择结构的程序流程图

语句块 2

执行过程中，先判断表达式的值，当其值为 True 或者其他非 0 值，执行语句块 1，否则执行语句块 2。图 4-2 是双分支选择结构的程序流程图。

下面程序示范了双分支选择结构的基本用法：

```
>>>num = input("输入一个数字：")
>>>if int(num)<10:
>>>print(num)
>>>else:
>>>print("数字太大")
```

4.2.3 多分支选择结构

接下来，我们来学习具有多条可执行路径的多分支选择结构（multiple alternative decision structure）。下面是多分支选择结构的通用格式：

if 条件表达式 1:
    语句 1/语句块 1
elif 条件表达式 2:
    语句 2/语句块 2
elif 条件表达式 *n*:
    语句 *n*/语句块 *n*
[
else:
    语句 *n*+1/语句块 *n*+1
]

在计算机领域，描述语法格式时，使用中括号[]通常表示可选，非必选。多分支结构，几个分支之间是有逻辑关系的，不能随意颠倒顺序。图 4-3 是多分支选择结构的程序流程图。

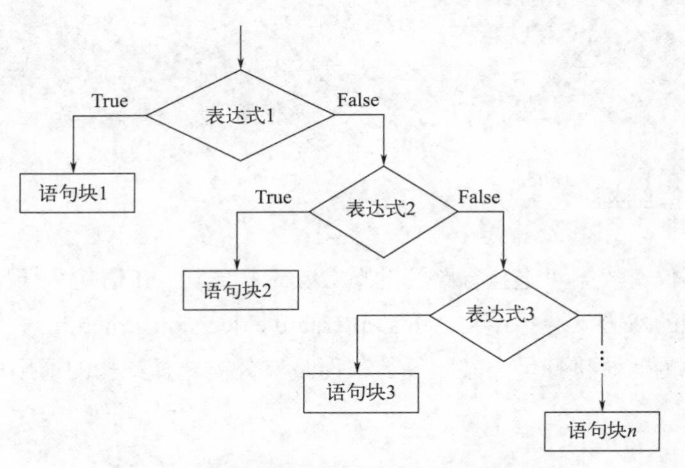

图 4-3 多分支选择结构的程序流程图

下面程序示范了多分支选择结构的基本用法：

示例：已知坐标（x，y），判断其所在的象限。

```
>>>x = int(input("请输入 x 坐标"))
>>>y = int(input("请输入 y 坐标"))
>>>if(x==0 and y==0):print("原点")
>>>elif(x==0):print("y 轴")
>>>elif(y==0):print("x 轴")
>>>elif(x>0 and y>0):print("第一象限")
>>>elif(x<0 and y>0):print("第二象限")
>>>elif(x<0 and y<0):print("第三象限")
>>>else:
>>>    print("第四象限")
```

4.2.4 选择结构的嵌套

Python 语句块没有开始与结束符号，因此，使用嵌套结构时，一定要严格控制好不同级别代码块的缩进量，因为这决定了不同代码块的从属关系以及业务逻辑是否被正确地实现，是否能够被 Python 正确理解和执行。下面是选择结构的嵌套的语法通用格式：

```
if 表达式 1：
    语句块 1
    if 表达式 2：
        语句块 2
    else：
        语句块 3
else：
    if 表达式 4：
        语句块 4
```

下面程序示范了选择结构的嵌套的基本用法：

示例：已知学生成绩，判断分数所属等级。

```
>>>score = int(input("请输入分数"))
>>>print(score)
>>>if score>100:
>>>print("输入错误，分数要小于 100")
>>>else:
>>>    if score>=90:
>>>print("A")
>>>    else:
>>>        if score>=80:
>>>print("B")
>>>        else:
>>>            if score>=70:
```

```
>>>print("C")
>>>          else:
>>>             if score>0:
>>>print("D")
>>>             else:
>>>print("输入错误，分数要大于 0")
```

类循环：条件控制的循环（condition-controlled loop）和计数控制的循环（count-controlled loop）。条件控制的循环采用一个为真/假的条件来控制循环的次数，而计数控制的循环则重复执行指定的次数。

4.3 ➲ 循环结构

4.3.1 for 循环与 while 循环

在 Python 语言中，可以使用 while 语句来编写条件控制的循环，用 for 语句来编写计数控制的循环。本章将介绍如何编写这两种类型的循环。

（1）for 循环

计数控制的循环迭代执行的次数是确定的。在 Python 语言中，可以使用 for 语句来编写计数控制的循环。计数控制的循环重复执行指定的次数。计数控制的循环在程序中是很常用的。例如，有家商店每周开门六天。现请你为这家商店编写一个计算一周销售总额的程序。显然，这个程序需要迭代六次。每次循环迭代，程序会提示用户输入一天的销售额。你可以使用 for 语句来编写计数控制的循环。在 Python 语言中，for 语句被设计用来处理一组数据项。在执行该语句时，针对一组数据项中的每个数据迭代一次。下面是 for 语句的标准格式：

```
for variable in [value1, value2, etc.]:
    statement
    statement
    etc.
```

我们称第 1 行为 for 从句。在 for 从句中，variable 是一个变量名。方括号内是一组数据，每个数据用逗号隔开[在 Python 语言中，称一对方括号括起来的一组用逗号分隔的数据为列表(List)]。下一行开始就是将要迭代执行的语句块。

for 语句的执行过程是这样的：将表中的第一个数据赋值给 variable，然后执行语句块中的语句。结束后，再将列表中的下一个数据赋值给 variable，然后再次执行语句块中的语句。重复这个过程，直到列表中的最后一个数据也被赋值给了 variable。

下面程序示范了用 for 循环来显示 1～5 五个数字：

```
>>>print("I will display the numbers 1 through 5")
>>>for num in [1,2,3,4,5]:
>>>    print(num)
I will display the numbers 1 through 5
```

```
1
2
3
4
5
```

（2）while 循环

只要条件为真，条件控制的循环就重复执行一条或一组语句。在 Python 语言中，可以使用 while 语句来编写条件控制的循环。

while 循环的工作原理是：当条件为真时，就执行某项任务。while 循环也因此而得名。while 循环由两部分组成：①需要测试为真还是为假的条件；②条件为真的情况下，需要反复执行的一条或一组语句。图 4-4 是 while 循环的逻辑图。

图 4-4 中的菱形框代表需要测试的条件。请注意条件为真时的操作：执行一条或一组语句，然后程序的执行返回到菱形框的上方，并再次测试条件。如果条件为真，则重复上述操作；如果条件为假，则程序退出循环。在一个流程图中，只要看到流程线返回到流程图中前面的部分，就可以判定这是一个循环。

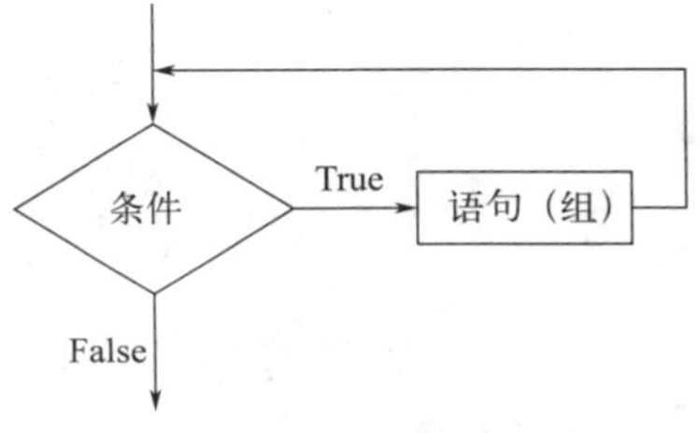

图 4-4　while 循环的逻辑图

下面是 Python 语言中 while 循环的标准格式：

```
while condition:
    statement
    statement
    etc.
```

为简单起见，我们称第一行为 while 从句。while 从句以 while 开头，后面是一个可定值为真或假的布尔条件。条件以一个冒号结尾。下一行的开始就是一个语句块。同一个语句块中的语句的缩进必须一致。

在执行 while 循环时，首先测试条件。如果条件为真，则执行 while 从句后面语句块中的语句。语句执行结束后，再次启动循环。如果条件为假，则程序退出循环。下面程序示范了创建一个执行五次的循环：

```
>>>i=0
>>>while i<5:
>>>i+=1
>>>    print(i)
1
2
3
4
5
```

4.3.2　break 与 continue 语句

（1）break 语句

break 语句用来终止循环语句，即循环条件没有 False 条件或者序列还没被递归完，也会

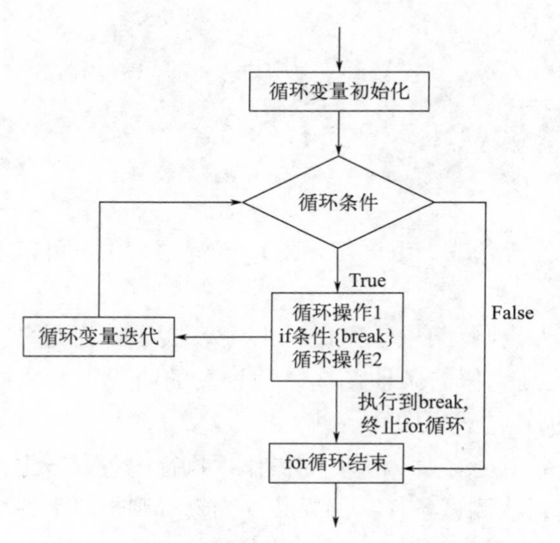

图 4-5　for 循环+break 语句的流程图

停止执行循环语句。break 语句用在 while 和 for 循环中。如果使用嵌套循环，break 语句将停止执行最深层的循环，并开始执行下一行代码。图 4-5 是 for 循环+break 语句的流程图。

break 语句的基本语法如下：

```
{
    ……
    break
    ……
}
```

下面程序示范了 break 实现 100 以内的数求和，求出当和第一次大于 20 的当前数字：

```
>>>sum := 0
>>>for i := 1; i<= 100; i++ {
>>>sum += i //求和
>>>if sum > 20 {
>>>fmt.Println("当 sum>20 时，当前数是", i)
>>>break
>>>}
>>>}
```

（2）continue 语句

continue 语句用于结束本次循环，继续执行下一次循环；continue 语句出现在多层嵌套的循环语句体中时，可以通过语句指明要跳过的是哪一层循环，这个与前面的 break 语句的使用规则一样。图 4-6 是 continue 语句的流程图。

continue 语句的基本语法如下：

```
{
    ……
    continue
    ……
}
```

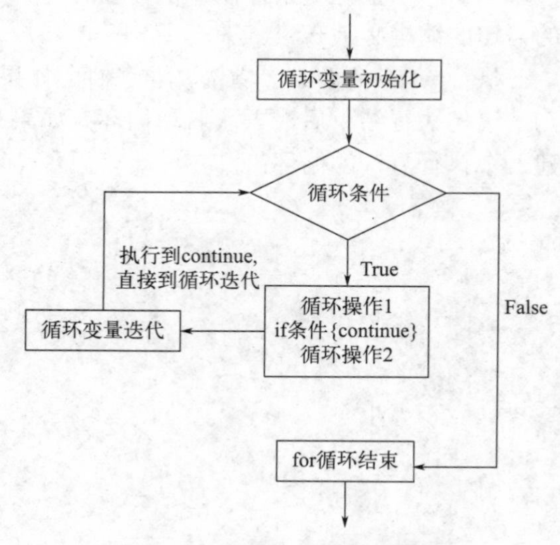

图 4-6　continue 语句流程图

下面程序示范了 continue 实现打印 1～100 之内的奇数：

```
>>>for i := 1; i<= 100; i++ {
>>>if i % 2 == 0 {
>>>continue
```

```
>>>}
>>>fmt.Println("奇数是", i)
>>>}
```

4.4 综合案例

4.4.1 案例一

计算斐波那契数列的前30项之和。斐波那契数列：1，1，2，3，5，8，13，21，34，55，……提示：除了前两项，后面的每一项是其前两项之和。

求斐波那契数列的前30项求和。

```
a=b=1
s=2
for n in range(3,30):
    t=a
    a=b
    b=t+a
    s=s+b
print(s)
```

4.4.2 案例二

用于求和：

① 求1～100之间所有奇数的和。

```
sum = 0
for i in range(1,101,2):
   sum=sum+i
print(sum)
```

② 求1～100之间所有偶数的和。

```
sum = 0
for i in range(2,101,2):
    sum=sum+i
print(sum)
```

③ 用户输入一个整形数，求该数的阶乘。

```
i=int(input("输入一个数:"))
j=1
for n in range(1,i+1):
   j=j*n
print(j)
```

4.4.3 案例三

水仙花数是指一个三位数，其个位、十位、百位 3 个数字的立方和等于这个数本身。编写程序找出 100～1000 之间的水仙花数。

求 100～1000 之间水仙花数。

```
for i in range(100,1000):
    x = i//100
    y = i//10%10
    z = i%10
    if x**3+y**3+z**3 == i:
        print(i)
```

4.4.4 案例四

随机生成 1～100 的一个数，直到生成了 99 这个数，看看你一共用了几次。

```
var count int = 0     //C 语言
for {
    rand.Seed(time.Now().UnixNano())
    n := rand.Intn(100) + 1
    fmt.Println("n=", n)
    count++

if (n == 99) {
        break //表示跳出 for 循环
    }
}
fmt.Println("生成 99 一共使用了 ", count)
```

4.4.5 案例五

实现登录验证，有三次机会，如果用户名为“化院 7 号”，输入密码“666”则提示登录成功，否则提示还有几次登录机会。

密码验证案例。

```
var name string
var pwd string
var loginChance = 3
for i := 1 ; i<= 3; i++ {
    fmt.Println("请输入用户名")
    fmt.Scanln(&name)
    fmt.Println("请输入密码")
    fmt.Scanln(&pwd)
```

```
    if name == "化院 7 号" &&pwd == "666" {
        fmt.Println("恭喜你登录成功!")
        break
    } else {
        loginChance--
        fmt.Printf("你还有%v 次登录机会，请珍惜\n", loginChance)
    }
}

if loginChance == 0 {
    fmt.Println("机会用完，没有登录成功!")
}
```

习题

1. 输入一个数，判断哪三个正整数的和与这个数字相等。

2. 已知 $y=1+1/3+1/5+\cdots+1/(2n-1)$:

求 $y<3$ 时的最大 n 值以及最大 n 值对应的 y 值（y 值保留小数点后 2 位）。

3. 小玉在游泳，已知第一步能游 2 米，可是随着力气越来越小，她接下来的每一步都只能游出上一步距离的 98%。现在小玉想知道，如果要游到距离 x 米的地方，她需要游多少步。请你编程解决这个问题。

4. 猴子摘下若干个桃子，第一天吃了桃子的一半多一个，以后每天吃了前一天剩下的一半多一个，到第 n 天吃之前，发现只剩下一个桃子。编写程序实现：根据输入的天数计算并输出猴子共摘了几个桃子。

第5章

函数

在实际开发中，把可能需要反复执行的代码封装为函数，然后在需要执行该段代码功能的地方调用封装好的函数，这样不仅可以实现代码的复用，更重要的是可以保证代码的一致性，只需要修改该函数代码则所有调用位置均得到体现。同时，把大任务拆分成多个函数也是分治法和模块化设计的基本思路，这样有利于复杂问题简单化。本章将详细介绍Python中函数的使用。

本章学习目标

1. 掌握函数定义和调用的方法。
2. 理解递归函数的执行过程。
3. 掌握形参、实参、默认值参数和不定长参数的用法。
4. 理解变量作用域。
5. 熟练掌握lambda表达式的定义与用法。
6. 理解生成器函数工作原理。

5.1 函数的定义与使用

5.1.1 函数的定义

在Python中，定义函数的语法如下：

```
def 函数名([参数列表]):
    '''注释'''
    函数体
```

其中，def是用来定义函数的关键字。定义函数时在语法上需要注意的问题主要如下：

① 不需要说明形参类型，Python解释器会根据实参的值自动推断形参类型。

② 不需要指定函数返回值类型，这由函数中return语句返回的值来确定。

③ 即使该函数不需要接收任何参数，也必须保留一对空的圆括号。

④ 函数头部括号后面的冒号必不可少。

⑤ 函数体相对于def关键字必须保持一定的空格缩进。

例 5-1 编写函数，计算并输出斐波那契数列中小于参数 n 的所有值，并调用该函数进行测试。

基本思路：每次循环时输出斐波那契数列中的一个数字，并生成下一个数字，如果某个数字大于或等于函数参数指定的数字，则结束循环。

```
def fib(n):                     #n 是形参
    a,b = 1,1                   #函数体
    while a < n:
        print(a,end=' ')
        a,b = b,a+b

fib(1000)                       #调用函数，1000 是实参

运行结果：
1 1 2 3 5 8 13 21 34 55 89 144 233 377 610 987
```

5.1.2 函数的形参与实参

在使用一些函数的时候，经常需要传入参数，比如，在调用 math.sin()函数时，需要传入一个整型数字作为实参。还有的函数需要传入多个参数，像 math.pow()函数就需要两个参数：基数（Base）和指数（Exponent）。

在函数的内部，实参会被赋值给形参。下面的例子是一个用户自定义的函数，可以接收一个实参。这个函数的作用是：在调用该函数的时候会把实参的值赋给形参 hello，并将其输出两次。这个函数对任何可以用 print()函数输出的值都可用。

```
def print_twice(hello):
    print (hello)
    print (hello)

print_twice('germen')

运行结果：
germen
germen
```

内置函数的组合规则在用户自定义函数上同样可用，所以可以对 print_twice()函数使用任何表达式作为实参。例如：

```
def print_twice(hello):
    print (hello)
    print (hello)

print_twice('dean' * 4)
import math
print_twice(math.pi)
```

```
运行结果:
deandeandeandean
deandeandeandean
3.141592653589793
3.141592653589793
```

作为实参的表达式会在函数调用之前先执行。在上面的例子中，表达式'dean'*4 和 math.pi 都只执行一次。也可以使用变量作为实参。例如：

```
def print_twice(hello):
    print (hello)
    print (hello)

michael = "Eric,the half a bee"
print_twice(michael)

运行结果:
Eric,the half a bee
Eric,the half a bee
```

作为实参传入函数的变量名称和函数定义里形参的名字没有关系。在函数内部只关心形参的值，而不关心它在被调用前叫什么名字。

5.1.3 函数的默认参数

在定义函数时，Python 支持默认值参数，即可以为形参设置默认值。在调用带有默认值参数的函数时，可以不用为设置了默认值的形参进行传值，此时函数将会直接使用函数定义时设置的默认值，当然也可以通过显式赋值来替换其默认值。

需要注意的是，在定义带有默认值参数的函数时，任何一个默认值参数右边都不能再出现没有默认值的普通位置参数，否则会提示语法错误。带有默认值参数的函数定义语法如下：

def 函数名(…,形参名=默认值):

函数体

默认参数使用示例如下：

```
def say(message,times =1):
    print((message + ' ') * times)


say('hello')
say('hello',3)

运行结果:
hello
hello hello hello
```

调用该函数时，如果只为第一个参数传递实参，则第二个参数使用默认值“1”，如果为第二个参数传递实参，则不再使用默认值“1”，而是使用调用者显式传递的值。

5.1.4 不定长参数

预先不知道函数需要接收多少个实参，Python 允许函数从调用语句中收集任意数量的实参。Python 自定义函数中有两种不定长参数：第一种是*name，第二种是**name。加了星号“*”的参数会以元组（tuple）的形式导入，存放所有未命名的变量参数。加了两个星号“**”的参数会以字典（dict）的形式导入。

（1）参数打包为元组

假设有一个函数 funA()，包含三个形参 a、b 和*tup，其中*tup 为元组形式的不定长参数，示例函数如下所示：

```
def funA(a,b,*tup):
    print(a)
    print(b)
    print(tup)
    print(tup[0])

funA(1,2,3,5,6,7)

运行结果:
1
2
(3, 5, 6, 7)
3
```

从运行结果可以看出，1 和 2 传给了 a 和 b，而剩下的 3、5、6、7 四个数都以元组的形式存入 tup 这个参数中。打印 tup 时，输出的是元组；打印 tup[0]时，输出一个元组元素。

例 5-2 使用元组不定长参数接收多个运动员信息。

```
def printPlayersList(*tup):
   for player in tup:
      print(player)

player1 = {'name':'zhangsan','age':23}
player2 = {'name':'lisi','age':24}
player3 = {'name':'zhaowu','age':25}

printPlayersList(player1,player2,player3)  #调用函数时，三个运动员信息为实参

运行结果:
{'name': 'zhangsan', 'age': 23}
{'name': 'lisi', 'age': 24}
{'name': 'zhaowu', 'age': 25}
```

（2）参数打包为字典

假设有一个函数 funB()，包含三个形参 a、b 和**varDict，其中**varDict 为字典形式的不定长参数，示例函数如下所示：

```
def funB(a,b,**varDict):
    print(a)
    print(b)
    print(varDict)
    print(varDict['firstname'])

funB(1,2,firstname = '悟空',lastname = '孙')

运行结果:
1
2
{'firstname': '悟空', 'lastname': '孙'}
悟空
```

从运行结果可以看出，1 和 2 传给了 a 和 b，而 firstname 和 lastname 这两个参数被以字典的形式存入 varDict 中。打印 varDict 时，输出的是字典；打印 varDict ['firstname']时，输出的是字典的值。

例 5-3 使用字典不定长参数接收用户信息。

```
def buildProfile(firstname,lastname,**userInfo):
    profile = {}
    profile['firstname'] = firstname
    profile['lastname'] = lastname
    for key,value in userInfo.items():
        profile[key] = value
    return profile

userProfile = buildProfile('悟空','孙',location='花果山',category='石猴')
print(userProfile)

运行结果:
{'firstname':'悟空','lastname': '孙','location': '花果山','category': '石猴'}
```

5.1.5 变量的作用域

Python 的作用域一般分为两种，分别是局部作用域和全局作用域。Python 除 def/class/lambda 外，其他如 if/elif/else、try/except、for/while 并不能改变其作用域。定义在它们内部的变量，在外部还是可以访问的。

```
>>> if True:
     a = 'I am A'
>>> a
'I am A'
```

定义在 if 语句中的变量 a，在外部还是可以访问的。但是需要注意，如果 if 被 def/class/lambda 包裹，在内部赋值，就变成了此 def/class/lambda 的局部作用域。在

def/class/lambda 内进行赋值，就变成了其局部作用域，局部作用域会覆盖全局作用域，但不会影响全局作用域。

```
g = 1        #全局变量
def fun():
    g = 2    #局部变量
    return g

print(fun())
print(g)

运行结果:
2
1
```

但是需要注意，有时候想在函数内部引用全局变量，如果疏忽了就会出现错误。

例如：

```
var = 1
def fun():
    print (var)
    var = 200

print fun()
```

```
var = 1
def fun():
    var = var + 1
    return var

print fun()
```

这两个函数都会报错。因为在函数的内部，解释器探测到 var 被重新赋值了，所以 var 成了局部变量，在没有被重新赋值之前就想使用 var，便会出现这个错误。解决的方法是在函数内部添加 globals var，但运行函数后全局的 var 也会被修改。

（1）globals()

global 和 globals()是不同的，global 是关键字，用来声明一个局部变量为全局变量。globals()和 locals()提供了基于字典的访问全局和局部变量的方式。比如，如果在函数 1 内需要定义一个局部变量，名字与函数 2 的名字相同，但又要在函数 1 内引用函数 2。

```
def var():
   pass
def f2():
   var = 'Just a String'
   f1 = globals()["var"]
   print(var)
   return type(f1)
```

```
print(f2())

运行结果:
Just a String
<class 'function'>
```

（2）locals()

如果你使用过 Python 的 Web 框架，那么一定经历过需要把一个视图函数内很多的局部变量传递给模板引擎，然后作用在 HTML 上。想一次传递很多变量，只需要大致了解 locals()，它返回一个名字-值对的字典。

```
def foo(arg,a):
    x = 1
    y = 'xxxxxx'
    for i in range(10):
        j = 1
        k = i
    print(locals())

foo(1,2) #调用函数的打印结果

运行结果:
{'k': 9, 'j': 1, 'i': 9, 'y': 'xxxxxx', 'x': 1, 'a': 2, 'arg': 1}
```

5.1.6 函数的返回值

函数的返回值（或称函数值）是指函数被调用之后，执行函数体中的程序段所取得并返回的值。函数值只能通过 return 语句返回。return 语句的一般形式为:

return 返回值列表

该语句的功能是计算并返回返回值列表的值。return 语句是返回语句，它可以结束函数体的执行。无返回值的函数也可以使用 return 语句，但不能跟返回值，表示结束函数的调用。

例 5-4 计算三个整数的平均值。

```
def averFunl():
    numl = int(input('numl = '))
    num2 = int(input('num2 = '))
    num3 = int(input('num3 = '))
    print('平均值为%.2f'%((numl + num2 + num3) / 3))


def averFun2(numl,num2,num3):
    return (numl + num2 + num3) / 3


def averFun3(numl,num2,num3):
    print('平均值为%.2f'%((numl + num2 + num3) / 3))
```

```
averFun1()
print('平均值为%.2f'%(averFun2(2,4,5)))
averFun3(2,4,5)

运行结果:
num1 = 2
num2 = 4
num3 = 5
平均值为 3.67
平均值为 3.67
平均值为 3.67
```

其中，自定义函数 averFun1()无形参、无返回值，三个整数的输入、计算平均值和打印都是在函数体中实现，语句 averFun1(2,4,5)调用函数时无须传递实参和接收返回值；自定义函数 averFun2()有形参、有返回值，语句 averFun2(2,4,5)调用函数时需要传递实参和接收返回值；自定义函数 averFun3()有形参、无返回值，语句 averFun3(2,4,5)调用函数时需要传递实参，但无须接收返回值。

5.2 函数的嵌套和递归调用

5.2.1 嵌套函数

Python 语言不允许出现函数的嵌套定义（即一个函数定义的内部不允许出现另一个函数的定义），因此各函数之间是平行的，不存在上一级函数和下一级函数的问题。但 Python 语言允许在一个函数的定义中出现对另一个函数的调用，这样就出现了函数的嵌套调用，即在被调函数中又调用其他函数。

例如，两层函数嵌套调用的执行过程是：当执行调用 a 函数的语句时，主程序中断转去执行 a 函数；在 a 函数中调用 b 函数时，立即中断 a 函数的执行，转去执行 b 函数；b 函数执行完毕返回 a 函数的中断点继续执行；a 函数执行完毕返回主程序的中断点继续执行。

例 5-5 使用函数嵌套调用，从三个整数中查找最大值。

```
def maxTwo(num1,num2):
    if num1 > num2:
          return num1
    else:
          return num2

def maxThree(num1,num2,num3):
    max = maxTwo(num1,num2)
    return maxTwo(max,num3)

a = int(input('a = '))
```

```
b = int(input('b = '))
c = int(input('c = '))
print('%d, %d, %d的最大值为%d'%(a,b,c,maxThree(a,b,c)))

运行结果:
a = 3
b = 5
c = 4
3,5,4的最大值为5
```

其中，定义函数 maxThree()计算两个整数的最大值，定义函数 maxThree()计算三个整数的最大值。语句 max = maxTwo(num1,num2)的形参 num1 和 num2，作为实参传递给函数 maxThree()，计算最大值赋给 max；语句 return maxTwo(max,num3)将函数 maxThree()的变量 max 和形参 num3 作为实参传递给函数 maxTwo()，计算最大值并返回。

例 5-6 用函数编写 $s=1^2!+2^2!+3^2!+4^2!$。

```
def fac(n):
     i=1
     sum = 1
     while i<=n:
         sum*=i
         i+=1
     return sum

def square(m):
     k=m*m
     f=fac(k)
     return f

i=1
sum=0
while i<=4:
     sum += square(i)
     i+=1
print(sum)

运行结果:
20922790250905
```

其中，定义函数 fac()用来计算阶乘值，定义函数 square()先计算平方值，并将平方值 k 作为实参调用 fac()函数，通过 f= fac(k)语句，使用变量 f 接收 k 的阶乘值，最后通过 return 语句将值 f 返回。

5.2.2 递归调用

递归方法是指在程序中不断反复调用自身来求解问题的方法。递归方法的具体实现一般通过函数（或子过程）来完成。在函数（或子过程）的内部，直接或者间接地调用函数（或子过程）自身，即可完成递归操作。这种函数也称为“递归函数”。在递归函数中，主调函数同时又是被调函数。执行递归函数时将反复调用其自身，每调用一次就进入新的一层。递归函数必须遵循两个条件：一是必须是自己调用自己；二是必须有一个明确的递归结束条件，即为递归出口。

递归算法的常见解题思路是：

① 把一个不能或不好直接求解的“大问题”转化成一个或几个“小问题”来解决。

② 再把这些“小问题”进一步分解成更小的“小问题”来解决。

③ 如此分解，直至每个“小问题”都可以直接解决（此时分解到递归出口）。但递归分解不是随意分解，递归分解要保证“大问题”与“小问题”相似，即求解过程与环境都相似。

例 5-7 有 5 个人坐在一起，问第 5 个人多少岁，他说比第 4 个人大两岁。问第 4 个人岁数，他说比第 3 个人大两岁。问第 3 个人，他说比第 2 个人大两岁。问第 2 个人，他说比第 1 个人大两岁。最后问第 1 个人，他说是 10 岁。请问第 5 个人多大岁数？

```
def age(n):
    if n == 1:
        return 10
    else:
        return age(n-1) + 2

print('第 5 个人的年龄为%d 岁.'%age(5))

运行结果:
第 5 个人的年龄为 18 岁.
```

其中，使用 def 关键字定义函数 age(n)，形参 n 表示第 n 个人。如果 if 语句的条件判断为 True，则表示要计算的是第 1 个人的年龄；如果 if 语句的条件判断为 False，则执行递归调用 age(n–1)先计算第(n–1)个人的年龄。

例 5-8 斐波那契数列。

斐波那契数列指的是这样的一个数列：0、1、1、2、3、5、8、13、21、…。在现代物理、准晶体结构、化学等领域，斐波那契数列都有直接的应用。在数学领域，斐波那契数列可以通过递归的方法定义：$F(0)=0$，$F(1)=1$，$F(n)=F(n-1)+F(n-2)(n\geqslant 2，n\in N^*)$。

```
def fib(n):
    if n <= 1:
        return n
    return fib(n-1) + fib(n-2)

print(fib(35))

运行结果:
9227465
```

5.3 常用函数介绍

5.3.1 空函数

如果想定义一个什么也不做的空函数，则可以用 pass 语句。例如：

def none_func():

… pass

…

pass 语句什么都不做，那有什么用？实际上，pass 可以用来作为占位符。比如，现在还没想好怎么写函数的代码，就可以先放一个 pass，让代码能运行起来。除此之外，pass 还可以用在其他语句里，例如：

```
>>> age = 20
>>> if age > 20:
    pass
```

如果缺少了 pass，那么代码运行就会有语法错误。

5.3.2 类型转换函数

Python 提供了将变量或值从一种类型转换成另一种类型的内置函数：in()、float()、str()。int()函数将符合数学格式的数字型字符串和浮点数转换成整数，否则返回错误信息。例如：

```
>>> int(12.34)
12
>>> int("a")
Traceback (most recent call last):
  File "<pyshell#16>", line 1, in <module>
    int("a")
ValueError: invalid literal for int() with base 10: 'a'
```

（1）float()函数

float()函数用于将整数和数字型字符串转换为浮点数。

```
>>> float("-22")
-22.0
>>> float("a")
Traceback (most recent call last):
  File "<pyshell#18>", line 1, in <module>
    float("a")
ValueError: could not convert string to float: 'a'
```

（2）chr()函数

chr()函数用于将普通数字转换为字符。

```
>>> chr(65)
'A'
>>> chr(122)
```

```
'z'
>>> chr(90)
'Z'
```

（3）str()函数

str()函数用于将数字转换为字符。

```
>>> a1 = 123
>>> type(a1)
<class 'int'>
>>> a2 = str(a1)
>>> print(a2)
123
>>> type(a2)
<class 'str'>
```

（4）ord()函数

ord()函数用于将字符转换为数字。

```
>>> ord('A')
65
>>> ord('Z')
90
```

（5）lambda 表达式

Python 允许用户定义一种单行的小函数。定义 lambda 表达式的形式如下：

lambda 参数：表达式

lambda 表达式默认返回表达式的值，也可以将其赋值给一个变量。lambda 表达式可以接收任意多个参数，包括可选参数，但是表达式只有一个。

```
>>> g = lambda x,y:x*y
>>> g(2,3)
6
>>> g = lambda a,b,c:a+b+c
>>> g(1,2,3)
6
```

5.3.3 数学函数模块

Python 有一个 math 模块，提供了大部分与数学计算相关的函数。模块是一个文件，它是功能类似的函数的集合。要想使用 math 模块中的函数，首先要用关键字 import 引入模块。在 math 模块中，有两个数学常量：pi 和 e。

```
>>> import math
>>> print(math.pi)
3.141592653589793
>>> print(math.e)
2.718281828459045
```

常用的数学函数有 exp()、pow()、sqrt()、sin()、cos()、fabs()、log10()。可以用点操作符

调用模块中的函数。

```
>>> math.exp(9)          #求 e 的 9 次方
8103.083927575384
>>> math.pow(3,4)        #求 3 的 4 次方
81.0
>>> math.fabs(-34)       #返回绝对值
34.0
>>> math.sin(math.pi/2)
1.0
>>> print(math.log10(10))
1.0
```

如果不想用点操作符，而直接写出 math 模块中的函数，则需要用下面的语句重新输入 math 模块中的函数。

```
>>> from math import *
>>> cos(3)
-0.9899924966004454
```

5.4 ➲ lambda 表达式

lambda 表达式常用来声明匿名函数，也就是没有函数名字的、临时使用的小函数，常用在临时需要一个类似于函数的功能但又不想定义函数的场合。lambda 表达式只可以包含一个表达式，不允许包含复杂语句和结构，但在表达式中可以调用其他函数，该表达式的计算结果相当于函数的返回值。

匿名函数可以在程序中任何需要的地方使用，但是这个函数只能使用一次，即一次性的。因此，Python lambda 表达式也可以称为丢弃函数，它可以与其他内置函数[如 filter()、map()等]一起使用。下面的代码演示了不同情况下 lambda 表达式的应用：

```
>>> f= lambda x, y, z: x+y+z
>>> print(f(1,2,3))
6
>>> g = lambda x,y=2,z=3:x+y+z
>>> g(1)
6
>>> print(g(2,y=2,z=5))
9
```

```
my_list = [2,3,4,5,6,7,8]      #lambda 表达式+filter()函数
new_list = list(filter(lambda a:(a / 3 == 2),my_list))
print(new_list)

运行结果:
[6]
```

```
my_list = [2,3,4,5,6,7,8]     #lambda 表达式+map()函数
new_list = list(map(lambda a:(a / 3 != 2),my_list))
print(new_list)
```

运行结果:

```
[True, True, True, True, False, True, True]
```

```
from functools import reduce    #lambda 表达式+reduce()函数
print(reduce(lambda a,b:a+b,[23,21,45,98]))
```

运行结果:

```
187
```

```
#lambda 表达式+sorted()函数
print(sorted([1,2,3,4,5,6,7,8,9],key = lambda x:abs(5-x)))
```

运行结果:

```
[5, 4, 6, 3, 7, 2, 8, 1, 9]
```

5.5 ➲ 综合案例

例 5-9 编写函数，接收一个整数 t 为参数，打印杨辉三角前 t 行。

```
def yanghui(t):
    print([1])                               #输出第一行
    line = [1, 1]
    print(line)                              #输出第二行
    for i in range(2, int(t)):
        r = []                               #存储当前行除两端之外的数字
        for j in range(0, len(line)-1):
            r.append(line[j]+line[j+1])      #第 i 行除两端之外其他的数字
        line = [1]+r+[1]                     #第 i 行的全部数字
        print(line)                          #输出第 i 行

ch1 = input("打印杨辉三角前几行: ")
yanghui(ch1)
```

运行结果:

```
打印杨辉三角前几行: 5
[1]
[1, 1]
[1, 2, 1]
[1, 3, 3, 1]
```

```
[1, 4, 6, 4, 1]
```

例 5-10 编写函数，模拟猜数游戏。系统随机产生一个数，玩家最多可以猜 3 次，系统会根据玩家的猜测进行提示，玩家则可以根据系统的提示对下一次的猜测进行适当调整。

```
from random import randint
def guess(maxValue=10, maxTimes=3):
    #随机生成一个整数
    value = randint(1,maxValue)
    for i in range(maxTimes):
        #第一次猜和后面几次的提示信息不一样
        prompt = 'Start to GUESS:' if i==0 else 'Guess again:'
        #使用异常处理结构，防止输入不是数字的情况
        try:
            x = int(input(prompt))
        except:
            print('Must input an integer between 1 and ', maxValue)
        else:
            #如果上面 try 中的代码没有出现异常，继续执行这个 else 中的代码
            #猜对了，退出游戏
            if x == value:
                print('Congratulations!')
                break
            elif x > value:
                print('Too big')
            else:
                print('Too little')
    else:
        #次数用完还没猜对，游戏结束，提示正确答案
        print('Game over. FAIL.')
        print('The value is ', value)
```

运行结果：

```
Start to GUESS:7
Too little
Guess again:78
Too big
Guess again:34
Too big
Game over. FAIL.
The value is  8
```

例 5-11 编写函数计算任意位数的黑洞数。

```
def main(n):
    '''参数 n 表示数字的位数，例如 n=3 时返回 495，n=4 时返回 6174'''
    #待测试数范围的起点和结束值
```

```
    start = 10**(n-1)
    end = 10**n
    #依次测试每个数
    for i in range(start, end):
        #由这几个数字组成的最大数和最小数
        big = ''.join(sorted(str(i),reverse=True))
        little = ''.join(reversed(big))
        big, little = map(int,(big, little))
        if big-little == i:
            print(i)
n = 4
main(n)
```

运行结果:

```
6174
```

例 5-12 编写函数，寻找给定序列中相差最小的两个数字。

```
import random
def getTwoClosestElements(seq):
    #先进行排序，使得相邻元素最接近
    #相差最小的元素必然相邻
    seq = sorted(seq)
    #无穷大
    dif = float('inf')
    for i,v in enumerate(seq[:-1]):
        d = abs(v - seq[i+1])
        if d < dif:
            first, second, dif = v, seq[i+1], d
    #返回相差最小的两个元素
    return (first, second)
seq = [random.randint(1, 10000) for i in range(20)]
print(seq)
print(sorted(seq))
print(getTwoClosestElements(seq))
```

运行结果:

```
[37, 4400, 2575, 313, 561, 3651, 2515, 4040, 2442, 7195, 6468, 758, 3773,
2985, 209, 4615, 4734, 172, 135, 4152]
[37, 135, 172, 209, 313, 561, 758, 2442, 2515, 2575, 2985, 3651, 3773, 4040,
4152, 4400, 4615, 4734, 6468, 7195]
(135, 172)
```

例 5-13 编写函数，实现冒泡排序算法。

```
from random import randint
```

```
def bubbleSort(lst, reverse=False):
    length = len(lst)
    for i in range(0, length):
        flag = False
        for j in range(0, length-i-1):
            #比较相邻两个元素大小，并根据需要进行交换
            #默认升序排序
            exp = 'lst[j] > lst[j+1]'
            #如果 reverse=True 则降序排序
            if reverse:
                exp = 'lst[j] < lst[j+1]'
            if eval(exp):
                lst[j], lst[j+1] = lst[j+1], lst[j]
                #flag=True 表示本次扫描发生过元素交换
                flag = True
        #如果一次扫描结束后，没有发生过元素交换，说明已经按序排列
        if not flag:
            break

lst = [randint(1, 100) for i in range(20)]
print('排序前:\n', lst)
bubbleSort(lst, True)
print('排序后:\n', lst)

运行结果:
排序前:
[93, 98, 43, 74, 23, 33, 37, 4, 10, 41, 36, 2, 24, 74, 32, 64, 19, 70, 58,
74]
排序后:
[98, 93, 74, 74, 74, 70, 64, 58, 43, 41, 37, 36, 33, 32, 24, 23, 19, 10,
4, 2]
```

例 5-14 汉诺塔问题基于递归算法的实现。

```
def hannoi(num, src, dst, temp=None):
    '''参数含义：把 src 上的 num 个盘子借助于 temp 移动到 dst'''
    #声明用来记录移动次数的变量为全局变量
    global times
    #确认参数类型和范围
    assert type(num) == int, 'num must be integer'
    assert num > 0, 'num must > 0'
    #只剩最后或只有一个盘子需要移动，这也是函数递归调用的结束条件
    if num == 1:
        print('The {0} Times move:{1}==>{2}'.format(times, src, dst))
        times += 1
    else:
```

```
        #递归调用函数自身
        #先把除最后一个盘子之外的所有盘子移动到临时柱子上
        hannoi(num-1, src, temp, dst)
        #把最后一个盘子直接移动到目标柱子上
        hannoi(1, src, dst)
        #把除最后一个盘子之外的其他盘子从临时柱子上移动到目标柱子上
        hannoi(num-1, temp, dst, src)
#用来记录移动次数的变量
times = 1
#A 表示最初放置盘子的柱子，C 是目标柱子，B 是临时柱子
hannoi(3, 'A', 'C', 'B')
```

运行结果：

```
The 1 Times move:A==>C
The 2 Times move:A==>B
The 3 Times move:C==>B
The 4 Times move:A==>C
The 5 Times move:B==>A
The 6 Times move:B==>C
The 7 Times move:A==>C
```

习题

1. 编写函数，接收圆的半径作为参数，返回圆的面积。

2. 编写函数，实现辗转相除法，接收两个整数，返回这两个整数的最大公约数。

3. 编写函数，接收参数 a 和 n，计算并返回形式如 a + aa + aaa + aaaa +…+ aaa…a 的表达式前 n 项的值，其中 a 为小于 10 的自然数。

4. 编写函数，接收一个字符串，判断该字符串是否为回文。所谓回文，是指从前向后读和从后向前读是一样的。

5. 编写函数，模拟标准库 itertools 中 cycle()函数的功能。

6. 编写函数，模拟标准库 itertools 中 count()函数的功能。

7. 编写函数，模拟内置函数 reversed()的功能。

8. 编写函数，模拟内置函数 all()的功能。

9. 编写函数，模拟内置函数 any()的功能。

10. 写出下面程序的运行结果。

```
def sum(a, b=3,c=5):
    return sum([a, b,c])
print(Sum(a=8, c=2))
print(Sum(a=8))
print(Sum(8,2))
```

11. 编写函数模拟报数游戏。有 n 个人围成一圈，顺序编号，从第一个人开始从 1 到 k（假设 k=3）报数，报到 k 的人退出圈子，然后圈子缩小，从下一个人继续游戏，问最后留下的是原来的第几号。

第6章 类

Python 是面向对象的解释型高级动态编程语言，正因为如此，在 Python 中创建一个类和对象是很容易的。本章将详细介绍 Python 面向对象编程的基本概念，包括类的定义、数据成员与成员方法、继承以及导入类的操作。

本章学习目标

1. 掌握类的定义用法。
2. 理解对象的创建用法。
3. 理解私有成员与公有成员的区别。
4. 理解数据成员与成员方法的区别。
5. 了解继承的基本概念。
6. 掌握导入类的用法。

6.1 类的定义与使用

在面向对象程序设计中，把数据以及对数据的操作封装在一起，组成一个整体（对象），不同对象之间通过消息机制来通信或者同步。对相同类型的对象进行分类、抽象后，得出共同的特征就形成了类。创建类时用变量形式表示对象特征的成员称为数据成员，用函数形式表示对象行为的成员称为成员方法，数据成员和成员方法统称为类的成员。

以设计好的类为基类，可以继承得到派生类，大幅度缩短开发周期，并且可以实现设计复用。而在派生类中还可以对基类继承而来的某些行为进行重新实现，从而使得基类的某个同名方法在不同派生类中的行为有可能会不同，体现出一定的多态特性。类是实现代码复用和设计复用的一个重要方法，封装、继承和多态是面向对象程序设计的三个要素。

Python 使用关键字 class 来定义类，之后是一个空格，接下来是类的名字；如果还有其他基类则需要把所有基类放到一对圆括号中并使用逗号分隔；然后是一个冒号；最后换行再定义类的内部实现。其中，类名最好与所描述的事物有关，且首字母一般要大写，例如：

```
class Car(object):                #定义一个类，派生自 object 类
    def showInfo(self):
        print("This is a car")    #定义成员方法
```

定义了类之后，就可以用类来实例化对象，并通过“对象名.成员”的方式来访问其中的

数据成员或成员方法。例如：

```
>>> car = Car()            #实例化对象
>>> car.showInfo()         #调用对象的成员方法
This is a car
```

6.2 数据成员与成员方法

6.2.1 私有成员与公有成员

从形式上看，在定义类的成员时，如果成员名以两个下划线开头但是不以两个下划线结束则表示是私有成员。私有成员在类的外部不能直接访问，一般是在类的内部进行访问和操作，或者在类的外部通过调用对象的公有成员方法来访问，而公有成员是可以公开使用的，既可以在类的内部进行访问，也可以在外部程序中使用。

要注意的是，Python 并没有对私有成员提供严格的访问保护机制，通过一种特殊方式“对象名，类名_Xx”也可以在外部程序中访问私有成员，但不建议这样做。

```
class A:
    def __init__(self, value1 = 0, value2 = 0):      #构造方法，创建对象时自动调用
        self._value1 = value1
        self.__value2 = value2                      #私有成员
        self._value1 = value1
        self.__value2 = value2


    def show(self):
        print(self._value1)
        print(self.__value2)                        #成员方法，公有成员


>>> a = A()
>>> a.show()                                        #在类外部可以直接访问非私有成员
0
0
>>> a._A__value2                                    #在外部使用特殊形式访问私有成员
0
```

在上面的代码中，一个圆点“.”表示成员访问运算符，可以用来访问命名空间、模块或对象中的成员，在 IDLE、Eclipse+PyDev、Spyder、WingIDE、PyCharm 或其他 Python 开发环境中，在对象或类名后面加上一个圆点“.”，都会自动列出其所有公有成员。

在 Python 中，以下划线开头或结束的成员名有特殊的含义：

① _xxx：以一个下划线开头，表示保护成员，一般建议通过类对象和子类对象访问这些成员，不建议通过对象直接访问；在模块中使用一个或多个下划线开头的成员不能用'from module import *'导入，除非在模块中使用_all_变量明确指明这样的成员可以被导入。

② __xxx：以两个下划线开头但不以两个下划线结束，表示私有成员，一般只有类对象自己能访问，子类对象不能访问该成员，但在对象外部可以通过“对象名.类名__xxx”这样的特殊形式来访问。

③ __xxx__：前后各两个下划线，系统定义的特殊成员。

6.2.2 数据成员

数据成员用来描述类或对象的某些特征或属性，可以分为属于对象的数据成员和属于类的数据成员两类。

① 属于对象的数据成员主要在构造方法_init_()中定义，而且在定义和在实例方法中访问数据成员时往往以 self 作为前缀，同一个类的不同对象的数据成员之间互不影响。

② 属于类的数据成员的定义不在任何成员方法之内，是该类所有对象共享的，不属于任何一个对象。

在主程序中或类的外部，属于对象的数据成员只能通过对象名访问；而属于类的数据成员可以通过类名或对象名访问。

利用类数据成员的共享性，可以实时获得该类的对象数量，并且可以控制该类可以创建的对象的最大数量。例如，下面的代码定义了一个特殊的类，这个类只能定义一个对象。

```
class SingleInstance:
    num = 0
    def _init_(self):
        if SingleInstance.num > 0:
            raise Exception('只能创建一个对象')
        SingleInstance.num += 1

>>>t1 = SingleInstance()
>>>t2 = SingleInstance()
Traceback (most recent call last):
  File "<pyshell#11>", line 1, in <module>
    t2 = SingleInstance()
  File "<pyshell#9>",line 5, in _init__
    raise Exception('只能创建一个对象')
Exception: 只能创建一个对象
```

6.2.3 成员方法

Python 类的成员方法大致可以分为公有方法、私有方法、静态方法和类方法。公有方法和私有方法一般指属于对象的实例方法，其中私有方法的名字以两个下划线“__”开始。公有方法通过对象名直接调用，私有方法不能通过对象名直接调用，只能在其他实例方法中通过前级 self 进行调用或在外部通过特殊的形式来调用。

所有实例方法都必须至少有一个名为 self 的参数，并且必须是方法的第一个形参（如果有多个形参)，self 参数代表当前对象。在实例方法中访问实例成员时需要以 self 为前缀，但在外部通过对象名调用对象方法时并不需要传递这个参数，因为通过对象调用公有方法时会把对象隐式绑定到 self 参数。

静态方法和类方法都可以通过类名和对象名调用，但在这两种方法中不能直接访问属于对象的成员，只能访问属于类的成员。一般以 cls 作为类方法的第一个参数表示该类自身，在调用类方法时不需要为该参数传递值，而静态方法则可以不接收任何参数。例如：

```
class Root:
    __total = 0
    def __init__(self,v):          #构造方法，特殊方法
        self.__value = v
        Root.__total += 1

    def show(self):                #普通实例方法，以 self 作为第一个参数
        print('self.__value:', self.__value)
        print('Root.__total:', Root.__total)

    @classmethod                   #修饰器，声明类方法
    def classShowTotal(cls):       #类方法，一般以 cls 作为第一个参数
        print(cls.__total)

    @staticmethod                  #修饰器，声明静态方法
    def staticShowTotal():         #静态方法，可以没有参数
        print(Root.__total)
```

```
>>> r = Root(3)
>>> r.classShowTotal()      #通过对象来调用类方法
1
>>> r.staticShowTotal()     #通过对象来调用静态方法
1
>>> rr = Root(5)
>>> Root.classShowTotal()   #通过类名调用类方法
2
>>> Root.staticShowTotal()  #通过类名调用静态方法
2
>>> Root.show()             #试图通过类名直接调用实例方法，失败
Traceback (most recent call last):
  File "<pyshell#61>", line 1, in <module>
    Root.show()
TypeError: show() missing 1 required positional argument: 'self'
>>> Root.show(r)            #可以通过这种方法来调用方法并访问实例成员
self.__value: 3
Root.__total: 2
```

6.3 继承

面向对象编程（OOP）语言的一个主要功能就是“继承”。通过继承创建的新类称为“子类”或“派生类”，被继承的类称为“基类”“父类”或“超类”，继承的过程就是从一般到特殊的过程。在 Python 语言中，一个子类可以继承多个基类。

编写类时，并非总是要从空白开始。如果要编写的类是另一个现成类的特殊版本，可使用继承。一个类继承另一个类时，将自动获得另一个类的所有属性和方法。子类继承了其父类的所有属性和方法，同时还可以定义自己的属性和方法。

6.3.1 定义子类

在考虑使用继承时，有一点需要注意，那就是两个类之间的关系应该是“属于”关系。例如，Chinese 是一个人，American 也是一个人，因此这两个类都可以继承 Person 类。但是 Cat 类却不能继承 Person 类，因为猫并不是一个人。

假设定义父类 Person，定义子类 Chinese 和 American 分别继承 Person 类，并实例化三个人类对象。在 Python 语言中，在子类名称的小括号“()”内写父类的名称，表示子类和父类之间的继承关系。代码如下所示：

```
class Person:                      #定义父类 Person
    def talk(self):                #定义父类的 talk()方法
        print("人在说话...")

class Chinese(Person):             #定义子类 Chinese 继承父类 Person
    def drinkTea(self):            #在子类 Chinese 中，定义 drinkTea()方法
        print('中国人在喝茶...')

class American(Person):            #定义子类 American 继承父类 Person
    def drinkCoffee(self):         #在子类 American 中，定义 drinkCoffee()方法
        print('美国人在喝咖啡...')

per1 = Person()                    #实例化父类 Person 对象 per1
per1.talk()

per2 = Chinese()                   #实例化子类 Chinese 对象 per2
per2.talk()                        #子类对象 per2 调用继承的父类方法 talk()
per2.drinkTea()                    #子类对象 per2 调用本身方法 drinkTea ()

per3 = American()                  #实例化子类 American 对象 per3
per3.talk()
per3.drinkCoffee()
运行结果:
人在说话...
人在说话...
```

```
中国人在喝茶...
人在说话...
美国人在喝咖啡...
```

6.3.2 子类的__init__()方法

创建子类的实例时，Python 首先需要完成的任务是给父类的所有属性赋值。为此，子类的方法__init__()需要父类施以援手。

假设定义父类 Person，定义子类 Chinese 和 American 继承 Person 类，子类__init__()方法显式调用父类__init__()方法，代码如下所示：

```
class Person():      #定义父类 Person
    def __init__(self, name, age):      #定义父类的__init__()方法，为 name 和 age
                                          属性赋值
        self.name = name
        self.age = age

    def talk(self):
        print("人在说话...")

class Chinese(Person):   #定义子类 Chinese 继承父类 Person
#定义子类的__init__()方法，为 name、age 和 language 属性赋值
    def __init__(self, name, age, language):
# super()是一个特殊方法，帮助 Python 将父类和子类关联起来。Python 调用 Chinese 的父类
Person 的方法__init__()，让 Chinese 实例包含父类的所有属性。父类也称为超类，名称 super
由此而来
        super(Chinese,self).__init__(name, age)
        self.language = language

    def drinkTea(self):
    #使用了继承自 Person 父类的 name 属性
        print ('一个名叫%s 的中国人在喝茶...'%(self.name))

class American(Person):   #定义子类 American 继承父类 Person
    def __init__(self, name, age, language):
    #使用了“父类名称.__init__()”方式调用 American 的父类 Person 的方法__init__(),让
American 实例包含父类的所有属性
        Person.__init__(self,name,age)
        self.language = language

    def drinkCoffee(self):
        print('一个%d 岁的美国人在喝咖啡...'%(self.age))

#执行过程为：实例化 perl→ perl 调用子类__init__()→子类__init__()继承父类__ init__()→
```

```
调用父类__init__()
per1 = Chinese('小华',19,'中文')
per1.drinkTea()

per2 = American('乔丹',20,'英文')
per2.drinkCoffee()
运行结果:
一个名叫小华 的中国人在喝茶...
一个 20 岁的美国人在喝咖啡...
```

6.3.3 重写父类方法

对于父类的方法，只要它不符合子类模拟的实物的行为，都可对其进行重写。为此，可在子类中定义一个这样的方法，即它与要重写的父类方法同名。这样，Python 将不会考虑这个父类方法，而只关注在子类中定义的相应方法。

假设定义父类 Person，定义子类 Chinese 和 American 继承 Person 类，子类重写父类的 talk()方法，代码如下所示：

```
class Person():
    def __init__(self, name, age):
        self.name = name
        self.age = age

    def talk(self):  #在父类 Person 中定义 talk()方法
        print("人在说话...")


class Chinese(Person):
    def __init__(self, name, age, language):
        super(Chinese,self).__init__(name, age)
        self.language = language

    def drinkTea(self):
        print('一个名叫%s 的中国人在喝茶...'%(self.name))

    def talk(self):  #在子类中分别重写了父类的 talk()方法
        print ("%s 在说%s..."%(self.name,self.language))


class American(Person):
    def __init__(self, name, age, language):
        Person.__init__(self,name,age)
        self.language = language

    def drinkCoffee(self):
        print('一个%d 岁的美国人在喝咖啡...'%(self.age))
```

```
    def talk(self):   #在子类中分别重写了父类的 talk()方法
        print("%s 在说%s..."%(self.name,self.language))

#子类对象调用 talk()方法时，执行的是重写后的 talk()方法
per1 = Chinese('小华',19,'中文')
per1.talk()
per1.drinkTea()

per2 = American('乔丹',20,'英文')
per2.talk()     #子类对象调用 talk()方法时，执行的是重写后的 talk()方法
per2.drinkCoffee()
运行结果：
小华 在说中文...
一个名叫小华 的中国人在喝茶...
乔丹 在说英文...
一个 20 岁的美国人在喝咖啡...
```

例 6-1 定义学校成员 SchoolMember 类、教师 Teacher 类、学生 Student 类，模拟学校教学场景。

```
class SchoolMember():   #定义父类 SchoolMember
    member = 0        #定义 member 属性，用于存储学校人数
    def __init__(self, name, age, sex):
        self.name = name
        self.age = age
        self.sex = sex
        self.enroll()

#当实例化创建父类或子类对象时，父类的__init__方法自动执行，并执行 self.enroll()语句调用
enroll()方法
    def enroll(self):
        print('学校新增了成员[%s].'% self.name)
        SchoolMember.member += 1   #存储学生人数加 1

    def showInfo(self):   #定义 showInfo()方法，打印学校成员信息
        print('----%s----'% self.name)
# Python 语言中，每个类都有__dict__属性，可以自动存储类的属性和值。即使存在继承关系，父类
的__dict__并不会影响子类的__dict__。通过 for 循环语句对__dict__.items()方法以列表返回
的（键、值）元组数组进行遍历
        for key, value in self.__dict__.items():
            if key =='sex':
                if value =='F':
                    print (key,':','女')
                else:
                    print (key,':','男')
```

```
        else:
            print (key,':', value)
        print('----end-----')

class Teacher(SchoolMember):
    def __init__(self, name, age, sex, salary, course):
        SchoolMember.__init__(self, name, age, sex)
        self.salary = salary
        self.course = course

    def teaching(self):
        print('[%s]主讲《%s》课程'%(self.name, self.course))

        self.amount = 0
class Student(SchoolMember):
    def __init__(self, name, age, sex, course, tuition):
        SchoolMember.__init__(self, name, age, sex)
        self.course = course
        self.tuition = tuition
def payTuition(self, amount):
        print('[%s]已经交了%d元学费'%(self.name, amount))
        self.amount += amount

t1 = Teacher('李老师', 35,'M', 8000,'Python')
t1.teaching()
t1.showInfo()

s1 = Student ('小华',20,'F','Python', 16000)
s1.payTuition(16000)
s1.showInfo()

print("学校共有%d位成员"%(SchoolMember.member))
```

运行结果:

```
学校新增了成员[李老师].
[李老师]主讲《Python》课程
----李老师----
name : 李老师
----end-----
age : 35
----end-----
sex : 男
----end-----
salary : 8000
```

```
----end-----
course : Python
----end-----
学校新增了成员[小华].
[小华]已经交了16000元学费
----小华----
name : 小华
----end-----
age : 20
----end-----
sex : 女
----end-----
course : Python
----end-----
tuition : 16000
----end-----
amount : 16000
----end-----
学校共有2位成员
```

6.4 导入类

随着程序不断地给类添加功能，文件可能变得很长。为遵循 Python 的总体理念，应让文件尽可能整洁。为在这方面提供帮助，Python 允许将类存储在模块中，然后在主程序中导入所需的模块。

6.4.1 导入单个类

将 Plane 类存储在一个名为 plane.py 的模块中。

【plane.py】

```
"""定义描述飞机的类"""
#包含了一个模块级文档字符串，对该模块的内容做了简要的描述。
class Plane:    #定义了飞机 Plane 类
    """模拟飞机"""
    def __init__(self, make, model, seat, year):
        """初始化描述飞机的属性。"""
        self.make = make
        self.model = model
        self.seat = seat
        self.year = year
        self.odometerReading = 0
```

```
    def getDescriptiveName(self):
        """返回整洁的描述性名称"""
        longName = str(self.year) + ' ' + self.make + ' ' + self.model + ' ' + 
str(self.seat)
        return longName.title()

    def readOdometer(self):
        """打印一条消息，指出飞机的里程"""
        print("这架飞机已经飞行了"+ str(self.odometerReading)+"公里.")

    def updateOdometer(self, mileage):
        """将里程表读数设置为指定的值,拒绝将里程表往回拨"""
        if mileage >= self.odometerReading:
            self.odometerReading = mileage
        else:
            print("不能回拨公里数! ")

    def incrementOdometer(self, miles):
        """将里程表读数增加指定的量"""
        self.odometerReading += miles
```

创建另一个文件 planeTest.py，在其中导入 Plane 类并创建其实例。

【planeTest.py】

```
from plane import Plane
c919 = Plane('中国商用飞机有限责任公司','C919',190,2021)
print(c919.getDescriptiveName())
c919.odometerReading = 400000
c919.updateOdometer(45000)
c919.updateOdometer(450000)
c919.incrementOdometer(5000)
c919.readOdometer()
```

导入类是一种有效的编程方式，通过将 Plane 类移到一个模块中，并导入该模块，依然可以使用 Plane 类所有功能，但主程序文件变得整洁而易于阅读。这种方式将大部分逻辑存储在独立的文件中，实现逻辑程序和主程序的文件分离。程序运行结果如下：

```
运行结果:
2021 中国商用飞机有限责任公司 C919 190
不能回拨公里数!
这架飞机已经飞行了 455000 公里.
```

6.4.2 在一个模块中存储多个类

同一个模块中的类之间应存在某种相关性，可根据需要在一个模块中存储任意数量的类。类 Missile 和 Fighter 都可帮助模拟飞机，因此下面将它们都加入模块。

【plane.py】

```
"""定义描述飞机、战斗机、武器的类"""
class Plane:
    """省略，见上一节"""


class Missile():
    """模拟战斗机的导弹"""
    def__init__(self, missileNumber):
        """初始化导弹的属性"""
        self.missileNumber = missileNumber
    def describeMissile(self):
        """输出一条描述挂弹数量的消息"""
        print("战斗机携带了"+ str(self.missileNumber)+"枚导弹.")
    def getRemainNumber(self):
        """输出一条描述战斗机挂弹量的消息"""
        remainNumber = 6 - self.missileNumber
        message="战斗机还可以携带"+str(remainNumber)+'枚导弹'
        print(message)


class Fighter(Plane):
    """模拟战斗机的独特之处"""
    def__init__(self,make,model,seat,year,num):
        """初始化父类的属性，再初始化战斗机特有的属性"""
        super().__init__(make,model,seat,year)
        self.missile = Missile(num)
```

新建一个名为 fighterTest.py 的文件，导入 Fighter 类，并创建一架战斗机。

【fighterTest.py】

```
from plane import Fighter


j20=Fighter('飞机工业集团公司','歼20',1,2021,10)
print(j20.getDescriptiveName())
j20.odometerReading = 200000
j20.incrementOdometer(3000)
j20.readOdometer()
j20.missile.describeMissile()
j20.missile.getRemainNumber()
```

程序运行结果如下：

```
运行结果：
2021 飞机工业集团公司 歼 20 1
这架飞机已经飞行了 203000 公里.
战斗机携带了 10 枚导弹
```

6.4.3 在一个模块中导入多个类

可根据需要在程序文件中导入任意数量的类。如果要在同一个程序中创建普通飞机和战斗机，就需要将 Plane 和 Fighter 类都导入。

【aircraft.py】

```
from plane import Plane,Fighter

airbus = Plane('空中客车公司','A320',200,2020)
print(airbus.getDescriptiveName())

j31 = Fighter('A飞机工业集团','歼 31',1,2019,5)
print(j31.getDescriptiveName())
```

程序运行结果如下：

```
运行结果:
2020 空中客车公司 A320 200
2019 A飞机工业集团 歼 31 1
```

6.4.4 导入整个模块

还可以导入整个模块，再使用句点表示法访问需要的类。这种导入方法很简单，代码也易于阅读。由于创建类实例的代码都包含模块名，因此不会与当前文件使用的任何名称发生冲突。下面的代码导入整个 Plane 模块，并创建一架普通飞机和一架战斗机。

【aircraft.py】

```
import plane

airbus = plane.Plane('空中客车公司','A320',200,2020)
print(airbus.getDescriptiveName())

j31 = plane.Fighter('A飞机工业集团','歼 31',1,2019,9)
print(j31.getDescriptiveName())
```

程序运行结果如下：

```
运行结果:
2020 空中客车公司 A320 200
2019 A飞机工业集团 歼 31 1
```

6.4.5 导入模块中的所有类

要导入模块中的每个类，还可使用下面的语法：

from 模块 import *

注意不推荐使用这种导入方式。因为只要看一下文件开头的 import 语句，就能清楚地知道程序使用了哪些类，将大有裨益；但这种导入方式没有明确地指出使用了模块中的哪些类。再就是，这种导入方式还可能引发名称方面的困惑：如果不小心导入了一个与程序文件中其他内容同名的类，将引发难以诊断的错误。

需要从一个模块中导入很多类时，最好导入整个模块，并使用“模块名.类名”语法来访问类。这样做时，虽然文件开头并没有列出用到的所有类，但能清楚地知道在程序的哪些地方使用了导入的模块，还避免了导入模块中的每个类可能引发的名称冲突。

6.5 综合案例

例 6-2 存储学生的信息，并依次输出学号（sno）、姓名（name）和成绩（score）。学生信息如下：①学号：10101，姓名：liming，成绩：87。②学号：10105，姓名：zhangsan，成绩：95。③学号：10108，姓名：wangwu，成绩：82。

```
class Student(object):
    def __init__(self,sno,name,score):
        self.sno = sno
        self.name = name
        self.score = score

    def print_score(self):
        print('student
number:%s,name:%10s,score:%s'%(self.sno,self.name,self.score))

s1 = Student('10101','liming','87')
s2 = Student('10105','zhangsan','95')
s3 = Student('10108','wangwu','82')
s1.print_score()
s2.print_score()
s3.print_score()

运行结果:
student number:10101,name:    liming,score:87
student number:10105,name:  zhangsan,score:95
student number:10108,name:    wangwu,score:82
```

例 6-3 游戏人生程序。①创建三个游戏人物，分别是：张三，女，18，初始战斗力 1000；李四，男，20，初始战斗力 1800；王二，女，19，初始战斗力 2500。②游戏场景，分别：草丛战斗，消耗 200 战斗力；自我修炼，增长 100 战斗力；多人游戏，消耗 500 战斗力。

```
class Person:
    def __init__(self, na, gen, age, fig):
        self.name = na
```

```
        self.gender = gen
        self.age = age
        self.fight =fig
    def grassland(self):
        """注释: 草丛战斗, 消耗200战斗力"""
        self.fight = self.fight -200
    def practice(self):
        """注释: 自我修炼, 增长100战斗力"""
        self.fight = self.fight + 200
    def incest(self):
        """注释: 多人游戏, 消耗500战斗力"""
        self.fight = self.fight -500
    def detail(self):
        """注释: 当前对象的详细情况"""
        temp = "姓名:%s ; 性别:%s ; 年龄:%s ; 战斗力:%s" % (self.name,
self.gender, self.age, self.fight)
        print(temp)
# #####################  开始游戏  #####################
cang = Person('张三', '女', 18, 1000)    # 创建张三角色
dong = Person('李四', '男', 20, 1800)    # 创建李四角色
bo = Person('王二', '女', 19, 2500)      # 创建王二角色

cang.incest()   #张三参加一次多人游戏
dong.practice() #李四自我修炼了一次
bo.grassland()  #王二参加一次草丛战斗


#输出当前所有人的详细情况
cang.detail()
dong.detail()
bo.detail()


cang.incest() #张三又参加一次多人游戏
dong.incest() #李四也参加了一个多人游戏
bo.practice() #王二自我修炼了一次
#输出当前所有人的详细情况
cang.detail()
dong.detail()
bo.detail()
```

```
运行结果：
姓名:张三 ; 性别:女 ; 年龄:18 ; 战斗力:500
姓名:李四 ; 性别:男 ; 年龄:20 ; 战斗力:2000
姓名:王二 ; 性别:女 ; 年龄:19 ; 战斗力:2300
姓名:张三 ; 性别:女 ; 年龄:18 ; 战斗力:0
姓名:李四 ; 性别:男 ; 年龄:20 ; 战斗力:1500
姓名:王二 ; 性别:女 ; 年龄:19 ; 战斗力:2500
```

例 6-4 编写小游戏，要求：定义游戏公司、游戏名称；实例化两个英雄（属性：HP，name，attack 攻击力，skill 技能）；定义一个普通方法：两个英雄随机用技能互相攻击直至一方死亡。

```
class PlayGame:
    gameName = 'A游戏'
    company = 'B公司'
    real_num = 0
    def __init__(self,name,HP,attack,skill):
        self.name = name
        self.HP = HP
        self.attack = attack
        self.skill = skill
        PlayGame.real_num += 1
    def action(self,hero):
        import random
        import time
        while True:
            skill_hero = random.choice(hero.skill)
            skill_hero_index = hero.skill.index(skill_hero)+1
            skill_self = random.choice(self.skill)
            skill_self_index = hero.skill.index(skill_self)+1
            print("%s 受到了 %s 的%s技能攻击,受到伤害%d, %s剩余血
量%d" %(self.name,hero.name,skill_hero,30*skill_hero_index,self.name,self.HP-
30*skill_hero_index))
            self.HP -= 30*skill_hero_index
            print("%s 反攻 %s ,使用%s技能攻击,造成伤害%d, %s剩余血
量%d" %(self.name,hero.name,skill_self,25*skill_self_index,hero.name,hero.HP-
25*skill_self_index))
            hero.HP -= 25*skill_self_index
            time.sleep(0.5)
            print("="*80)
            if hero.HP <= 0:
                print('X战败了')
                return 1
            if self.HP<=0:
                print('Y战败了')
```

```
        return 0
print('本产品介绍:%s 的%s 游戏!'%(PlayGame.gameName,PlayGame.company))
print('比赛开始:-----------------------------------------------------,end='\n\n')
Y_skill= ['Q 技能','W 技能','E 技能','R 技能']
X_skill = ['Q 技能','W 技能','E 技能','R 技能']
Y = PlayGame('Y',1500,100,Y_skill)
X = PlayGame('X',1200,90,X_skill)
Y.action(X)
```

运行结果:

```
本产品介绍: A 游戏 的 B 公司 游戏!
比赛开始:------------------------------------------------------------
Y 受到了 X 的 R 技能攻击,受到伤害 120,Y 剩余血量 1380
Y 反攻 X ,使用 E 技能攻击,造成伤害 75,X 剩余血量 1125
=================================================================
Y 受到了 X 的 R 技能攻击,受到伤害 120,Y 剩余血量 1260
Y 反攻 X ,使用 R 技能攻击,造成伤害 100,X 剩余血量 1025
=================================================================
Y 受到了 X 的 R 技能攻击,受到伤害 120,Y 剩余血量 1140
Y 反攻 X ,使用 R 技能攻击,造成伤害 100,X 剩余血量 925
=================================================================
Y 受到了 X 的 E 技能攻击,受到伤害 90,Y 剩余血量 1050
Y 反攻 X ,使用 E 技能攻击,造成伤害 75,X 剩余血量 850
=================================================================
Y 受到了 X 的 W 技能攻击,受到伤害 60,Y 剩余血量 990
Y 反攻 X ,使用 W 技能攻击,造成伤害 50,X 剩余血量 800
=================================================================
Y 受到了 X 的 W 技能攻击,受到伤害 60,Y 剩余血量 930
Y 反攻 X ,使用 W 技能攻击,造成伤害 50,X 剩余血量 750
=================================================================
=================================================================
Y 受到了 X 的 W 技能攻击,受到伤害 60,Y 剩余血量 870
Y 反攻 X ,使用 R 技能攻击,造成伤害 100,X 剩余血量 650
=================================================================
Y 受到了 X 的 R 技能攻击,受到伤害 120,Y 剩余血量 750
Y 反攻 X ,使用 W 技能攻击,造成伤害 50,X 剩余血量 600
=================================================================
Y 受到了 X 的 W 技能攻击,受到伤害 60,Y 剩余血量 690
Y 反攻 X ,使用 E 技能攻击,造成伤害 75,X 剩余血量 525
=================================================================
Y 受到了 X 的 W 技能攻击,受到伤害 60,Y 剩余血量 630
Y 反攻 X ,使用 Q 技能攻击,造成伤害 25,X 剩余血量 500
=================================================================
```

```
Y 受到了 X 的R技能攻击,受到伤害120,Y剩余血量510
Y 反攻 X ,使用Q技能攻击,造成伤害25,X剩余血量475
============================================================
Y 受到了 X 的E技能攻击,受到伤害90,Y剩余血量420
Y 反攻 X ,使用W技能攻击,造成伤害50,X剩余血量425
============================================================
Y 受到了 X 的R技能攻击,受到伤害120,Y剩余血量300
Y 反攻 X ,使用W技能攻击,造成伤害50,X剩余血量375
============================================================
Y 受到了 X 的R技能攻击,受到伤害120,Y剩余血量180
Y 反攻 X ,使用W技能攻击,造成伤害50,X剩余血量325
============================================================
Y 受到了 X 的E技能攻击,受到伤害90,Y剩余血量90
Y 反攻 X ,使用W技能攻击,造成伤害50,X剩余血量275
============================================================
Y 受到了 X 的E技能攻击,受到伤害90,Y剩余血量0
Y 反攻 X ,使用W技能攻击,造成伤害50,X剩余血量225
============================================================
Y战败了
```

例6-5 定义一"圆"Circle类，圆心为"点"Point类，构造一圆，求圆的周长和面积，并判断某点与圆的关系。

```
class Circle:
    def init(self):
        centre_point=0
        radius=None
    def perimeter(self):
        print("圆的周长是%s, 面积是%s"%((circle.radius*2*3.14),(circle.radius**2*
3.14)))
class Point:
    def init(self):
        x=None
        y=None
    def judge(self):
        if point.x+0>circle.radius>point.y+0:
            print("点在圆外面")
        elif point.x+0<circle.radius<point.y+0:
            print("点在圆外边")
        elif point.x+0==circle.radiuspoint.y+0:
            print("点在圆上")
        else:
            print("点在圆里面")
circle=Circle()
circle.radius=int(input("请输入圆的半径: "))
```

```
circle.perimeter()
point=Point()
point.x=int(input("请输入点的 x 轴的位置"))
point.y=int(input("请输入点的 y 轴的位置"))
point.judge()

运行结果:
请输入圆的半径: 2
圆的周长是 12.56, 面积是 12.56
请输入点的 x 轴的位置 1
请输入点的 y 轴的位置 3
点在圆外边
```

例 6-6 模拟三维空间的向量，并模拟向量的缩放操作和向量之间的加法和减法运算。

```
class Vector3:
    #构造方法, 初始化, 定义向量坐标
    def __init__(self,x,y,z):
        self.__x = x
        self.__y = y
        self.__z = z

    #两个向量相加, 对应分量相加, 返回新向量
    def add(self,anotherPoint):
        x = self.__x + anotherPoint.__x
        y = self.__y + anotherPoint.__y
        z = self.__z + anotherPoint.__z
        return Vector3(x,y,z)

    #减去另一个向量, 对应分量相减, 返回新向量
    def sub(self,anotherPoint):
        x = self.__x -anotherPoint.__x
        y = self.__y -anotherPoint.__y
        z = self.__z -anotherPoint.__z
        return Vector3(x,y,z)

    #向量与一个数字相乘, 各分量乘以一个数字, 返回新向量
    def mul(self,n):
        x,y,z = self.__x*n,self.__y*n,self.__z*n
        return Vector3(x,y,z)
    #向量除以一个数字, 各分量除以一个数字, 返回新向量
    def div(self,n):
        x,y,z = self.__x/n,self.__y/n,self.__z/n
        return Vector3(x,y,z)
    #查看向量各分量值
```

```
    def show(self):
        print('X:{0},Y:{1},Z:{2}'.format(self.__x,self.__y,self.__z))
    #查看向量长度，所有分量平方和的平方根
    @property
    def length(self):
        return (self.__x**2+self.__y**2+self.__z**2)**0.5

#用法演示
v = Vector3(3,4,5)
v1 = v.mul(3)
v1.show()
v2 = v1.add(v)
v2.show()
print(v2.length)

运行结果:
X:9,Y:12,Z:15
X:12,Y:16,Z:20
28.284271247461902
```

习题

1. 编写程序，编写一个学生类，要求有一个计数器的属性，统计总共实例化了多少个学生。

2. 请写一个小游戏——“人狗大战”。2 个角色分别为人和狗。游戏开始后，生成 2 个人、3 条狗，互相混战，人被狗咬了会掉血，狗被人打了也掉血，狗和人的攻击力、具备的功能都不一样。

3. 设计并实现一个数组类，要求能够把包含数字的列表、元组或 range 对象转换为数组，并能够修改数组中指定位置上的元素值。

4. 设计并实现一个数组类，要求能够把包含数字的列表、元组或 range 对象转换为数组，能够使用包含整数的列表作为下标，同时返回多个位置上的元素值。

第7章

文件操作

到目前为止，已经学习了六章的内容，按照课程的设置，应该已经掌握了 Python 大部分的基础内容。还有一点，作为一门编程语言，Python 应该能与计算机中的文件进行交互，这就要学习 Python 读取和存储计算机文件。

本章学习目标

1. 了解文件的概念。
2. 理解标准的输入输出。
3. 掌握文件基本的操作。

7.1 标准输入输出

在 Python 中，模块 sys 中含有标准的输入输出文件，如表 7-1 所示。

表 7-1 标准的输入输出文件

文件名	说明
sys.stdin	标准输入方法（一般是通过键盘）
sys.stdout	标准输出方法（到显示器的缓冲输出）
sys.stderr	标准错误输出方法（标准出错流，到屏幕的非缓冲输出）

7.1.1 标准输入

Python 中可以通过 sys 模块来访问这些文件的句柄，导入 sys 模块以后，就可以使用 sys.stdin、sys.stdout 和 sys.stderr 访问。

示例代码如下：

```
>>> f = open("1.txt", "r")
# fileno()方法可返回底层实现使用的整数文件描述符，以从操作系统请求 I/O 操作（可理解为是第几个打开的文件）
>>> f.fileno()
3
#一般打开的第一个文件是第 3 个，前 3 个（从 0 开始）为 3 个标准输出流
```

```
>>> sys.stdin.fileno()
0
>>> sys.stdout.fileno()
1
>>> sys.stderr.fileno()
2
>>> sys.stdin.mode
'r'
>>> sys.stdin.read()
a
# input 函数就是从标准输入流中读取数据的
Traceback (most recent call last):
  File "<stdin>", line 1, in <module>
KeyboardInterrupt
```

7.1.2 标准输出

在 Python 中的内存对象都必须先进行流式化操作才能够被标准输出或保存到文件中，而 print 输出语句提供了调用 sys.stdout.write()的接口，可以将多种形式的内存对象都转化为流式化。

示例代码如下：

```
>>> sys.stdout.mode
'w'
>>> sys.stdout.write(


"100")
1003
>>> sys.stdout.write("1000")
10004
>>> sys.stdout.write("1")
11
```

7.2 文件基本操作

7.2.1 打开文件

在 Python 中，使用 open()函数，可以打开一个已经存在的文件，或者创建一个新文件：open(文件名，访问模式)。

示例代码如下：

```
>>>f = open('test.txt', 'w')
```

这里要先学习一下相对路径和绝对路径。文件路径是指文件的保存位置，有绝对路径和相对路径之分。绝对路径就是文件在存储器中的保存位置，是最完整的路径。相对路径则是文件相对于当前文件夹的路径。要打开文件，可使用函数 open()，它位于自动导入的模块 io 中。函数 open()将文件名作为唯一必不可少的参数，并返回一个文件对象。如果当前目录中有一个名为 somefile.txt 的文本文件（可能是使用文本编辑器创建的），则可像下面这样打开它：

```
>>> f = open('somefile.txt')
```

如果文件位于其他地方，可指定完整的路径。如果指定的文件不存在，将看到类似下面的异常：

Traceback (most recent call last):

File "<stdin>", line 1, in <module>

FileNotFoundError: [Errno 2] No such file or directory: 'somefile.txt'

如果要通过写入文本来创建文件，这种调用函数 open()的方式并不能满足需求。为解决这个问题，可使用函数 open()的第二个参数。

一般情况下对文件的基本操作步骤是：打开文件→操作文件→关闭文件。

对文件的常用操作有 r,r+,w,w+,a,a+。

示例代码如下：

```
>>>f = open('/tmp/passwd','r+')
>>>content = f.read()
>>>print(content)
>>>print(f.tell())
>>>f.write('hello1')
>>>print(f.tell())
>>>print(f.read())
>>>print(f.tell())
>>>#判断文件对象拥有的权限
>>># print(f.readable())
>>># print(f.writable())
>>>f.close()
```

7.2.2 关闭文件

切记调用 close()方法将文件关闭。通常，程序退出时将自动关闭文件对象（也可能在退出程序前这样做），因此是否将读取的文件关闭并不那么重要。然而，关闭文件没有坏处，在有些操作系统和设置中，还可避免无意义地锁定文件以防修改。另外，这样做还可避免用完系统可能指定的文件打开配额。

对于写入过的文件，一定要将其关闭，因为 Python 可能缓冲用户写入的数据（将数据暂时存储在某个地方，以提高效率）。因此，如果程序因某种原因崩溃，数据可能根本不会写入到文件中。安全的做法是，使用完文件后就将其关闭。如果要重置缓冲，让所做的修改反映到磁盘文件中，但又不想关闭文件，可使用 flush()方法。然而，需要注意的是，根据使用的操作系统和设置，flush()可能出于锁定考虑而禁止其他正在运行的程序访问这个文件。只要能够方便地关闭文件，就应将其关闭。

要确保文件得以关闭，可使用一条try/finally语句，并在finally子句中调用close()方法。

```
>>># 在这里打开文件
>>>try:
>>># 将数据写入到文件中
>>>finally:
>>>file.close()
```

实际上，有一条专门为此设计的语句，那就是with语句。

```
>>>with open("somefile.txt") as somefile: do_something(somefile)
```

with语句能够打开文件并将其赋给一个变量（这里是somefile）。在语句体中，将数据写入文件（还可能做其他事情）。到达该语句末尾时，将自动关闭文件，即便出现异常也是如此。

7.2.3 读取文件

如果文件不太大，可一次读取整个文件。为此，可使用read()方法并不提供任何参数（将整个文件读取到一个字符串中），也可使用readlines()方法（将文件读取到一个字符串列表中，其中每个字符串都是一行）。代码如下所示。通过这样的方式读取文件，可轻松地迭代字符和行。请注意，除进行迭代外，像这样将文件内容读取到字符串或列表中也对完成其他任务很有帮助。例如，可对字符串应用正则表达式，还可将列表存储到某种数据结构中供以后使用。

示例代码：使用read()迭代字符。

```
>>>with open(filename) as f:
for char in f.read():
process(char)
```

示例代码：使用readlines()迭代行。

```
>>>with open(filename) as f:
for line in f.readlines():
process(line)
```

7.2.4 写入文件

保存数据最简单的方式之一是将其写入文件中。通过输出写入文件，即便关闭包含程序输出的终端窗口，这些输出依然存在。用户可以在程序结束后查看这些输出，可以与别人分享输出文件，还可编写程序将这些输出读取到内存中进行处理。

文件写入常用的方法见表7-2。

表7-2 文件写入常用的方法

访问模式	说明
r	以只读方式打开文件。文件的指针将会放在文件的开头。这是默认模式
w	打开一个文件只用于写入。如果该文件已存在则将其覆盖。如果该文件不存在，创建新文件
a	打开一个文件用于追加。如果该文件已存在，文件指针将会放在文件的结尾。也就是说，新的内容将会被写入到已有内容之后。如果该文件不存在，创建新文件进行写入
rb	以二进制格式打开一个文件用于只读。文件指针将会放在文件的开头

续表

访问模式	说明
wb	以二进制格式打开一个文件只用于写入。如果该文件已存在则将其覆盖。如果该文件不存在，创建新文件
ab	以二进制格式打开一个文件用于追加。如果该文件已存在，文件指针将会放在文件的结尾。也就是说，新的内容将会被写入到已有内容之后。如果该文件不存在，创建新文件进行写入
r+	打开一个文件用于读写。文件指针将会放在文件的开头
w+	打开一个文件用于读写。如果该文件已存在则将其覆盖。如果该文件不存在，创建新文件
a+	打开一个文件用于读写。如果该文件已存在，文件指针将会放在文件的结尾。文件打开时是追加模式。如果该文件不存在，创建新文件用于读写
rb+	以二进制格式打开一个文件用于读写。文件指针将会放在文件的开头
ab+	以二进制格式打开一个文件用于读写。如果该文件已存在，文件指针将会放在文件的结尾。文件打开时是追加模式如果该文件不存在，创建新文件用于读写
wb+	以二进制格式打开一个文件用于读写。如果该文件已存在，则将其覆盖。如果该文件不存在，创建新文件

一般上用 write()方法把字符串写入文件，writelines()方法可以把列表中存储的内容写入文件。

示例代码如下：

```
>>>f=file("hello.txt","w+")
>>>li=["hello world\n","hello china\n"]
>>>f.writelines(li)
>>>f.close()
```

文件的内容：

hello world

hello china

write()和 writelines()这两个方法在写入前会清除文件中原有的内容，再重新写入新的内容，相当于“覆盖”的方法。如果需要保留文件中原有的内容，只是需要追加新的内容，可以使用“a+”模式。

示例代码如下：

```
>>>f=file("hello.txt","a+")
>>>new_context="goodbye"
>>>f.write(new_content)
>>>f.close()
```

此时 hello.txt 中的内容如下所示：

hello world

hello china

goodbye

7.2.5 删除文件

本节介绍如何在 Python 中删除文件或目录。使用 os 模块，在 Python 中删除文件或文件夹的过程非常简单。

① os.remove——删除文件。

② os.rmdir——删除文件夹。

③ shutil.rmtree——删除目录及其所有内容。

（1）删除文件

首先介绍使用 os.remove 从目录中删除文件的方法。

示例代码如下：

```
>>>import os

>>># getting the filename from the user
>>>file_path = input("Enter filename:-")

>>># checking whether file exists or not
>>>if os.path.exists(file_path):
  # removing the file using the os.remove() method
  os.remove(file_path)
>>>else:
  # file not found message
  print("File not found in the directory")

运行结果:
Enter filename:-sample.txt
File not found in the directory
```

（2）删除文件夹

要删除的文件夹必须为空。 Python 将显示警告说明文件夹不为空。删除文件夹之前，请确保其为空。我们可以使用 os.listdir()方法获取目录中存在的文件列表。由此，可以检查文件夹是否为空。

示例代码如下：

```
>>>import os
>>># getting the folder path from the user
>>>folder_path = input("Enter folder path:-")
>>># checking whether folder exists or not
>>>if os.path.exists(folder_path):
>>># checking whether the folder is empty or not
   >>>if len(os.listdir(folder_path)) == 0:
      # removing the file using the os.remove() method
      os.rmdir(folder_path)
  >>> else:
      # messaging saying folder not empty
      print("Folder is not empty")
>>>else:
   # file not found message
   print("File not found in the directory")
```

```
运行结果:
Enter folder path:-sample
Folder is not empty
```

（3）删除目录及其所有内容

示例代码如下：

```
>>>import os
>>>import sys
>>>import shutil

>>># Get directory name
>>>mydir= input("Enter directory name: ")

>>>try:
   shutil.rmtree(mydir)
>>>except OSError as e:
print("Error: %s -%s." % (e.filename, e.strerror))

运行结果:
Enter directory name: d:\logs
Error: d:\logs -The system cannot find the path specified.
```

7.2.6 移动文件

Python 中对文件、文件夹进行移动操作时经常用到 os 模块和 shutil 模块。

7.3 Excel 与 Word 文件操作案例

利用 Python 进行数据分析时，对 Excel 与 Word 文档的操作必不可少，这里向大家介绍如何利用 Python 对 Excel 与 Word 文档进行操作。

7.3.1 Excel 文件操作案例

使用扩展库 openpyxl 读写 Excel 操作步骤如下：

第一步，导入扩展库，引用库里的包：

```
>>>import openpyxl
>>>from openpyxl import  Workbook
```

第二步，创建 Excel 文件：

```
>>>fn='extest.xlsx'
>>>wb=Workbook()#创建工作簿
>>>ws=wb.create_sheet(title='工作表 1')#创建工作表，并命名
```

```
>>>ws['a1']='1223'#给单元格 a1 赋值
>>>ws['b1']=3.14  #给单元格 b1 赋值
>>>wb.save(fn)#保存 Excel 文件
```

第三步，使用已有 Excel 文件：

打开文件，并创建 wb 对象，使用工作表：wb=openpyxl.load_workbook('extest.xlsx')。

打开指定索引工作表,并创建对象，使用单元格：ws=wb.worksheets[1]。

读取单元格，示例代码如下：

```
>>># 读取工作表中的单元格
>>>print(ws['a1'].value)
>>># 添加一行数据
>>>ws.append([1,2,3,4])
>>># 合并单元格
>>>ws.merge_cells('f2:f3')
>>># 写入公式
>>>ws['f2']="=sum(a2:e2)"
>>># 写入单元格数据
>>>ws.cell(10,3,5)
>>>wb.save('extest.xlsx')
```

7.3.2 Word 文件操作案例

用扩展库 docx 读写 Word 操作，步骤如下：

第一步，导入 docx 扩展库：

```
>>>import docx
>>>import re
>>>from docx import  Document
```

第二步，创建文档对象并保存（word.docx 文档创建成功）：

```
>>>doc=docx.Document('word.docx')
>>>doc.save('word.docx')
```

第三步，使用已有文档读与写：

Word 中的写操作（这里只介绍几个常用的）。

示例代码如下：

```
>>>import docx
>>>import re
>>>from docx import Document
>>># 添加一个段落
>>>doc.add_paragraph('time')
>>>doc.add_paragraph('汉字')
>>># 增加一个 6 行 6 列的表格，并设置表格样式
>>>table=doc.add_table(rows=6,cols=6,style='Table Grid')
>>># 该表格中第 2 行第 3 列写入内容，下标从 0 开始
>>>table.cell(1,2).text="第{i}行{j}列"
```

```
>>># 插入图片
>>>doc.add_picture('1.png',width=docx.shared.Inches(5))
>>># 插入列表 (style='List Number'表示有序列表 , 'List Bullet'表示无序列表)
>>>doc.add_paragraph('还有什么',style='List Number')
>>>doc.add_paragraph('还有什么呀',style='List Number')
>>>doc.save('word.docx')
```

Word 中的读操作：

① 读取文本：

```
>>>import docx
>>>import re
>>>import os
>>>from docx import Document
>>>doc=docx.Document('word.docx')
>>>for p in doc.paragraphs:
    t=p.text# 获取每一段文本
    # 打印段落
>>>print(t)
```

② 读取文本有标志性的字体（带有颜色的字体、加粗的字体等）：

```
>>>boldText=[]#存加粗的字体
>>>redText=[] #存红色的字体
>>>for p in doc.paragraphs:
for r in p.runs:
        # 加粗的字体
        if r.bold:
boldText.append(r.text)
        if r.font.color.rgb==RGBColor(255,0,0):
            redText.append(r.text)
# 打印加粗字体
print(boldText)
# 打印红色字体
>>>print(redText)
```

注：Word 文件的结构分为三层：a. Document 对象表示整个文档；b. Document 包含了 paragraphs 对象的列表，每个 paragraphs 对象用来表示文档中的一个段落；c. paragraphs 对象包含了 runs 对象的列表，一个 runs 对象就是 style 相同的一段文本，遍历 Word 文档的所有段落的所有 runs 对象，根据 runs 对象的属性进行识别和输出。

③ 读取表格：

```
>>>for table in doc.tables:  # 遍历所有表格
    for row in table.rows:  # 遍历表格的所有行
        for cell in row.cells:
            print(cell.text, "\t")
```

本小节介绍了 Excel 与 Word 文档的相关操作步骤，读者可以多多进行操作，提升自己的代码功底。

习题

1. 创建文件 data.txt，文件共 100000 行，每行存放一个 1～100 之间的整数，写完后读取文件内容。

2. 生成 100 个 MAC 地址并写入文件中，MAC 地址前 6 位（十六进制）为

```
01-AF-3B
01-AF-3B
01-AF-3B-xx
01-AF-3B-xx-xx
01-AF-3B-xx-xx-xx
```

3. 请简述文本文件和二进制文件的区别。

4. 请简述读取文件的几种方法和区别。

5. 打开一个英文文本文件，编写程序读取其内容，并把其中的大写字母变成小写字母，小写字母变成大写字母。

第8章

异常处理

编写计算机程序时，通常能够区分正常和异常（不正常）情况。异常事件可能是错误（如试图除以零），也可能是通常不会发生的事情。为处理这些异常事件，可在每个可能发生这些事件的地方都使用条件语句。例如，对于每个除法运算，都检查除数是否为零。然而，这样做不仅效率低、缺乏灵活性，还可能导致程序难以卒读。你可能很想忽略这些异常事件，希望它们不会发生，Python 提供了功能强大的替代解决方案——异常处理机制。在本章中，将介绍如何创建和引发异常，以及各种异常处理方式。

本章学习目标

1. 了解异常基本概念及其常见表现形式。
2. 理解出现异常的各种原因和处理异常的必要性。
3. 掌握常用的异常处理结构。

8.1 异常的概念与常见表现形式

当 Python 检测到一个错误时，解释器就会指出当前流已经无法执行下去，这时就出现了异常。通俗来说，是当程序出现了错误，而这种错误又是在正常控制流以外的（未预见的），那么采取什么样的行为去处理这个错误，就是异常处理需要做的。

这个行为分为两个阶段：首先是引起异常发生的错误，然后是检测（和采取可能的措施）的阶段。

常见表现形式如表 8-1 所示。

表 8-1 异常的常见表现形式

异常类型	含义	实例

AssertionError	当 assert 关键字后的条件为假时，程序运行会停止并抛出 AssertionError 异常	>>> demo_list = ['C 语言中文网']
		>>> assert len(demo_list) > 0
		>>> demo_list.pop()
		'C 语言中文网'
		>>> assert len(demo_list) > 0
		Traceback (most recent call last):
		File "<pyshell#6>", line 1, in <module>
		assert len(demo_list) > 0
		AssertionError

续表

异常类型	含义	实例

AttributeError	当试图访问的对象属性不存在时抛出的异常	>>> demo_list = ['C 语言中文网']
		>>> demo_list.len
		Traceback (most recent call last):
		  File "<pyshell#10>", line 1, in <module>
		    demo_list.len
		AttributeError: 'list' object has no attribute 'len'

IndexError	索引超出序列范围会引发此异常	>>> demo_list = ['C 语言中文网']
		>>> demo_list[3]
		Traceback (most recent call last):
		  File "<pyshell#8>", line 1, in <module>
		    demo_list[3]
		IndexError: list index out of range

KeyError	字典中查找一个不存在的关键字时引发此异常	>>> demo_dict={'C 语言中文网':"c.biancheng.net"}
		>>> demo_dict["C 语言"]
		Traceback (most recent call last):
		  File "<pyshell#12>", line 1, in <module>
		    demo_dict["C 语言"]
		KeyError: 'C 语言'

NameError	尝试访问一个未声明的变量时，引发此异常	>>> C 语言中文网
		Traceback (most recent call last):
		  File "<pyshell#15>", line 1, in <module>
		    C 语言中文网
		NameError: name 'C 语言中文网' is not defined

TypeError	不同类型数据之间的无效操作	>>> 1+'C 语言中文网'
		Traceback (most recent call last):
		  File "<pyshell#17>", line 1, in <module>
		    1+'C 语言中文网'
		TypeError: unsupported operand type(s) for +: 'int' and 'str'

ZeroDivisionError	除法运算中除数为 0 引发此异常	>>> a = 1/0
		Traceback (most recent call last):
		  File "<pyshell#2>", line 1, in <module>
		    a = 1/0
		ZeroDivisionError: division by zero

当一个程序发生异常时，代表该程序在执行时出现了非正常的情况，无法再执行下去。默认情况下，程序是要终止的。如果要避免程序退出，可以使用捕获异常的方式获取这个异常的名称，再通过其他的逻辑代码让程序继续运行，这种根据异常做出的逻辑处理叫作异常处理。

8.2 常用异常处理程序

8.2.1 raise 语句

要引发异常，可使用 raise 语句，并将一个类（必须是 Exception 的子类）或实例作为参数。将类作为参数时，将自动创建一个实例。下面的示例使用的是内置异常类 Exception：

```
>>> raise Exception
Traceback (most recent call last): File "<stdin>", line 1, in ?
Exception
```

```
>>> raise Exception('hyperdrive overload') Traceback (most recent call last):
File "<stdin>", line 1, in ?
Exception: hyperdrive overload
```

在示例（raise Exception）中，引发的是通用异常，没有指出出现了什么错误。

8.2.2 try/except 语句

try/except 语句用于检测 try 子句（块）中的错误，从而令 except 语句（块）捕获异常信息并作出应对和处理。具体而言，Python 从 try 子句开始执行，若一切正常，则跳过 except 子句；若发生异常，则跳出 try 子句，执行 except 子句。

try/except 语句是最基础而重要的部分，其基本语法规则为：

```
try:
    # 执行要尝试（try）的代码
except:
    # 执行应对异常发生时的代码
```

延续 8.2.1 节示例——捕获读取一个不存在的文件/目录的异常：

```
>>> try:
      fin = open('test.py')  # 不存在的文件
      print('Everything went well!')  # 打印顺利运行提示信息
>>>except:
      print('Something went wrong!')  # 处理异常方式：打印错误提示信息
Something went wrong!
```

可见异常被捕获了，IDLE 并未打印 Traceback 信息，而是打印了我们自定义的 except 子句中的错误提示信息。然而，本例中的 except 子句仅仅是简单地提示了错误。实际上，可以根据需求设计更多具有实用修正/弥补功能的 except 子句。

另一方面，若文件/目录存在，则将顺利执行完 try 子句并跳过 except 子句：

```
>>> try:
      fin = open('train.py')  # 实际存在的文件
      print('Everything went well!')  # 打印顺利运行提示信息
>>>except:
      print('Something went wrong!')  # 处理异常方式：打印错误提示信息

Everything went well!
```

8.2.3 else 语句

else 语句基本语法规则为：

```
try:
    语句...
except 异常的名称：
    语句...
```

如果未发生异常则运行 try 之下的语句，如果发生了异常，则运行 except 下面的语句。except 之后的异常类型只在发生对应异常时生效。

```
>>>inputValue=input("please input a int data :")
>>>if type(inputValue)!=type(1):
   raise ValueError
>>>else:
   print(inputValue)
```

try /except/else 语句，当没有异常发生时，else 中的语句将会被执行。

```
>>>a=10
>>>b=0
>>>try:
   c = b/ a
   print(c)
>>>except  IOError ,ZeroDivisionError:
Pass
>>>else:
   print ("no error")
>>>print("done")
```

8.2.4 finally 语句

无论异常是否发生，在程序结束前，finally 中的语句都会被执行。

```
>>>a=10
>>>b=0
>>>try:
   print(a/b)
>>>except:
   print("error")
>>>finally:
   print("always excute")
```

finally 语句也可以和 except 语句一起使用。

自定义一个 MyException 类，继承 Exception。

```
>>>class MyException(Exception):
   def __init__(self,message):
      Exception.__init__(self)
      self.message=message
```

如果输入的数字小于 10，就引发一个 MyException 异常：

```
>>>a=input("please input a num:")
>>>if a<10:
  >>> try:
      >>>raise MyException("my excepition is raised ")
   >>>except MyException,e:
     >>> print (e.message)
```

8.2.5 捕捉多种异常

前面说过，异常比较有趣的地方是可对其进行处理，通常称之为捕获异常。为此，可使用 try/except 语句。假设创建了一个程序，让用户输入两个数，再将它们相除，如下所示：

```
>>>x = int(input('Enter the first number: '))
>>>y = int(input('Enter the second number: ')) print(x / y)
```

这个程序运行正常，直到用户输入的第二个数为零。

```
Enter the first number: 10 Enter the second number: 0
Traceback (most recent call last):
File "exceptions.py", line 3, in ? print(x / y)
ZeroDivisionError: integer division or modulo by zero
```

为捕获这种异常并对错误进行处理（这里只是打印一条对用户更友好的错误消息），可像下面这样重写这个程序：

```
>>>try:
>>>x = int(input('Enter the first number: '))
>>>y = int(input('Enter the second number: '))
>>>print(x / y)
except ZeroDivisionError:
print("The second number can't be zero!")
```

使用一条 if 语句来检查 y 的值好像简单些，就本例而言，这可能也是更佳的解决方案。然而，如果这个程序执行的除法运算更多，则每个除法运算都需要一条 if 语句，而使用 try/except 的话只需要一个错误处理程序。

习题

1. 编写一个计算减法的方法，当第一个数小于第二个数时，抛出“被减数不能小于减数”的异常。

2. 定义一个函数 func(filepath), filepath 为文件的路径。

函数功能：打开文件，并且返回文件内容，最后关闭，用异常来处理可能发生的错误。

3. 定义一个函数 func(filename), filename 为文件名，用 with 实现打开文件，并且输出文件内容。

4. 定义一个函数 func(listinfo), listinfo 为列表，listinfo = [133, 88, 24, 33, 232, 44, 11, 44]，返回列表小于 100 且为偶数的数。

5. 定义一个异常类，继承 Exception 类，捕获下面的过程：判断 raw_input()输入的字符串长度是否小于 5，如果小于 5，比如输入长度为 3 则输出 yes，大于 5 输出 no。

6. 编写 with 操作类 Fileinfo()，定义__enter__和__exit__方法。完成功能：

在__enter__方法里打开 Fileinfo(filename)，并且返回 filename 对应的内容。如果有文件不存在的情况，需要捕获异常。

在__enter__方法里记录文件打开的当前日期和文件名，并且把记录的信息保存为 log.txt。内容格式："2014-4-5 xxx.txt"。

第9章

Python 数据分析与处理

表格容器pandas是基于NumPy的一种工具，该工具是为了解决数据分析任务而创建的。pandas 纳入了大量库和一些标准的数据模型，提供了高效地操作大型数据集所需的工具。pandas 提供了大量快速便捷地处理数据的函数和方法，是使 Python 成为强大而高效的数据分析环境的重要因素之一。pandas 主要提供了 3 种数据结构：

① Series()，带标签的一维数组；

② DataFrame()，带标签且大小可变的二维数组；

③ Pane()，带标签且大小可变的三维数组。

本章学习目标

1. 掌握 pandas 的基本操作。
2. 掌握异常处理方法。
3. 理解如何使用 pandas。

9.1 生成一维数组

示例 1：

```
>>> import numpy as np
>>> import pandas as pd
>>> x = pd.Series([1, 3, 5, np.nan])
>>> x
0    1.0
1    3.0
2    5.0
3    NaN
dtype: float64
```

```
>>>pd.Series(range(5))  #把 Python 的 range 对象转换为一维数组
0    0
1    1
2    2
```

```
3    3
4    4
dtype: int32
>>>pd.Series(range(5), index=list('abcde'))    #指定索引
a    0
b    1
c    2
d    3
e    4
dtype: int32
```

示例 2：时间间隔。

```
>>>pd.date_range(start='20180101', end='20181231', freq='H')
#间隔为小时
DatetimeIndex(['2018-01-01 00:00:00', '2018-01-01 01:00:00',
'2018-01-01 02:00:00', '2018-01-01 03:00:00',
'2018-01-01 04:00:00', '2018-01-01 05:00:00',
'2018-01-01 06:00:00', '2018-01-01 07:00:00',
'2018-01-01 08:00:00', '2018-01-01 09:00:00',
  ...
'2018-12-30 15:00:00', '2018-12-30 16:00:00',
'2018-12-30 17:00:00', '2018-12-30 18:00:00',
'2018-12-30 19:00:00', '2018-12-30 20:00:00',
'2018-12-30 21:00:00', '2018-12-30 22:00:00',
'2018-12-30 23:00:00', '2018-12-31 00:00:00'],
dtype='datetime64[ns]', length=8737, freq='H')
```

```
>>>pd.date_range(start='20180101', end='20181231', freq='D')
#间隔为天
DatetimeIndex(['2018-01-01', '2018-01-02', '2018-01-03','2018-01-04',
'2018-01-05', '2018-01-06', '2018-01-07', '2018-01-08',
'2018-01-09', '2018-01-10',
...
'2018-12-22', '2018-12-23', '2018-12-24', '2018-12-25',
'2018-12-26', '2018-12-27', '2018-12-28', '2018-12-29',
'2018-12-30', '2018-12-31'],
dtype='datetime64[ns]', length=365, freq='D')
```

```
>>> dates = pd.date_range(start='20180101', end='20181231', freq='M')
#间隔为月
>>> dates
DatetimeIndex(['2018-01-31', '2018-02-28', '2018-03-31','2018-04-30',
'2018-05-31', '2018-06-30', '2018-07-31', '2018-08-31',
'2018-09-30', '2018-10-31', '2018-11-30', '2018-12-31'],
dtype='datetime64[ns]', freq='M')
```

9.2 ➲ 二维数组 DataFrame 的操作

（1）生成二维数组

```
>>>pd.DataFrame(np.random.randn(12,4),  #数据
index=dates,                    #索引
columns=list('ABCD'))       #列名
A          B           C          D
2018-01-31  1.060900  0.697288 -0.058990 -0.487499
2018-02-28 -0.353329  1.160652 -0.277649  1.076614
2018-03-31  2.323984 -0.435853 -0.591344 -0.754395
2018-04-30 -0.077860 -0.432890  1.318615  0.125510
2018-05-31 -0.993383 -1.064773 -0.430447 -3.073572
2018-06-30 -0.390067 -1.549639  0.984916  1.046770
2018-07-31  1.699242  1.088068  1.531813 -0.430381
2018-08-31  0.044789  0.602462 -1.990035 -0.450742
2018-09-30 -0.200117 -0.656987 -0.198375 -0.018999
2018-10-31 -0.326242 -0.105304 -1.512876  0.166772
2018-11-30 -0.057293 -1.153748 -0.875683  1.784142
2018-12-31 -0.285507  0.937567 -0.891066  0.135078
```

```
>>> df = pd.DataFrame({'A':np.random.randint(1, 100, 4),
'B':pd.date_range(start='20180301', periods=4, freq='D'),
'C':pd.Series([1, 2, 3, 4],
 index=['zhang', 'li', 'zhou', wang'],
dtype='float32'),
'D':np.array([3] * 4,dtype='int32'),
'E':pd.Categorical(["test","train","test","train"]),
'F':'foo'})
>>> df
A        B       C   D       E    F
zhang60  2018-03-01  1.0  3   test  foo
li    36 2018-03-02  2.0  3  train  foo
zhou45  2018-03-03  3.0  3   test  foo
wang   98 2018-03-04 4.0  3  train  foo
```

（2）查看二维数组数据

```
>>>df.head()  #默认显示前 5 行，不过这里的 df 只有 4 行数据
A            B       C  D      E    F
zhang  60 2018-03-01  1.0  3   test  foo
li     36 2018-03-02  2.0  3  train  foo
zhou   45 2018-03-03  3.0  3   test  foo
wang   98 2018-03-04  4.0  3  train  foo
>>>df.head(3)       #查看前 3 行
A            B       C  D      E    F
```

```
zhang  60 2018-03-01  1.0  3   test  foo
li     36 2018-03-02  2.0  3  train  foo
zhou   45 2018-03-03  3.0  3   test  foo
>>>df.tail(2)       #查看最后2行
A           B      C  D     E    F
zhou  45 2018-03-03  3.0  3   test  foo
wang  98 2018-03-04  4.0  3  train  foo
```

（3）查看二维数组数据的索引、列名和值

```
>>>df.index                  #查看索引
Index(['zhang', 'li', 'zhou', 'wang'], dtype='object')
>>>df.columns                #查看列名
Index(['A', 'B', 'C', 'D', 'E', 'F'], dtype='object')
>>>df.values                 #查看值
array([[60, Timestamp('2018-03-01 00:00:00'), 1.0, 3, 'test', 'foo'],
[36, Timestamp('2018-03-02 00:00:00'), 2.0, 3, 'train', 'foo'],
[45, Timestamp('2018-03-03 00:00:00'), 3.0, 3, 'test', 'foo'],
 [98, Timestamp('2018-03-04 00:00:00'), 4.0, 3, 'train', 'foo']],
dtype=object)
```

（4）查看二维数组数据的统计信息

```
>>>df.describe()    #平均值、标准差、最小值、最大值等信息
 A          C        D
count   4.000000  4.000000  4.0
mean   59.750000  2.500000  3.0
std    27.354159  1.290994  0.0
min    36.000000  1.000000  3.0
25%    42.750000  1.750000  3.0
50%    52.500000  2.500000  3.0
75%    69.500000  3.250000  3.0
max    98.000000  4.000000  3.0
```

（5）对二维数组进行排序操作

```
>>>df.sort_index(axis=0, ascending=False) #对索引进行降序排序
A           B      C  D     E    F
zhou   45 2018-03-03  3.0  3   test  foo
zhang  60 2018-03-01  1.0  3   test  foo
wang   98 2018-03-04  4.0  3  train  foo
li     36 2018-03-02  2.0  3  train  foo
```

```
>>>df.sort_index(axis=0, ascending=True)  #对索引升序排序
A           B      C  D     E    F
li     36 2018-03-02  2.0  3  train  foo
wang   98 2018-03-04  4.0  3  train  foo
zhang  60 2018-03-01  1.0  3   test  foo
zhou   45 2018-03-03  3.0  3   test  foo
```

```
>>>df.sort_index(axis=1, ascending=False) #对列进行降序排序
F       E  D     C             B   A
zhang  foo   test  3  1.0 2018-03-01  60
li     foo  train  3  2.0 2018-03-02  36
zhou   foo   test  3  3.0 2018-03-03  45
wang   foo  train  3  4.0 2018-03-04  98
```

```
>>>df.sort_values(by='A')    #按A列对数据进行升序排序
A            B      C  D        E    F
li     36 2018-03-02  2.0  3  train  foo
zhou   45 2018-03-03  3.0  3   test  foo
zhang  60 2018-03-01  1.0  3   test  foo
wang   98 2018-03-04  4.0  3  train  foo
```

```
>>>df.sort_values(by=['E', 'C'])     #先按E列升序排序
#如果E列相同，再按C列升序排序
A            B      C  D        E    F
zhang  60 2018-03-01  1.0  3   test  foo
zhou   45 2018-03-03  3.0  3   test  foo
li     36 2018-03-02  2.0  3  train  foo
wang   98 2018-03-04  4.0  3  train  foo
```

（6）二维数组数据的选择与访问

```
>>> df['A']                          #选择某一列数据
zhang    60
li       36
zhou     45
wang     98
Name: A, dtype: int32
>>> 60 in df['A']       #df['A']是一个类似于字典的结构
#索引类似于字典的键
                 #默认是访问字典的键，而不是值
False
>>> 60 in df['A'].values #测试60这个数值是否在A列的值中
True
```

```
>>> df[0:2]       #使用切片选择多行
A            B      C  D        E    F
zhang  60 2018-03-01  1.0  3   test  foo
li     36 2018-03-02  2.0  3  train  foo
>>>df.loc[:, ['A', 'C']]                         #选择多列
A    C
zhang  60  1.0
li     36  2.0
```

```
zhou   45  3.0
wang   98  4.0
```

```
>>>df.loc[['zhang', 'zhou'], ['A', 'D', 'E']]#同时指定多行和多列
A    D    E
zhang  60  3  test
zhou   45  3  test
>>>df.loc['zhang', ['A', 'D', 'E']]  #查看'zhang'的三列数据
A      60
D       3
E    test
Name: zhang, dtype: object
>>> df.at['zhang', 'A']  #查询指定行、列位置的数据值
60
>>> df.at['zhang', 'D']
3
```

9.3 ➲ 综合案例

例 9-1 大家都知道斐波那契数列，现在要求输入一个整数 n，输出斐波那契数列的第 n 项（从 0 开始，第 0 项为 0）。

```
class Solution:
    def Fibonacci(self, n):
         fib = [0,1]
         if n <= 1:
          return fib[n]
                  while len(fib)<=n:
fib.append(fib[-1]+fib[-2])
         return fib[n]
```

例 9-2 调整数组顺序使奇数位于偶数前面。

输入一个整数数组，实现一个函数来调整该数组中数字的顺序，使得所有的奇数位于数组的前半部分，所有的偶数位于数组的后半部分，并保证奇数和奇数以及偶数和偶数之间的相对位置不变。

```
class Solution:
    def reOrderArray(self, array):
        if not array:
             return []
odd_list = []
even_list = []
        for i in array:
             if i % 2 != 0:
odd_list.append(i)
```

```
            else:
even_list.append(i)
         return odd_list+even_list
```

习题

1. 输入一个字符串，输出其中每个字符的出现次数。要求使用标准库 collections 中的 Counter 类。

2. 输入一个字符串，输出其中只出现了一次的字符及其下标。

3. 输入一个字符串，输出其中每个唯一字符最后一次出现的下标。

4. 输入包含若干集合的列表，输出这些集合的并集。提示：使用 reduce () 函数和 operator 模块中的运算实现多个集合的并集。

5. 输入一个字符串，输出加密后的结果字符串。加密规则为：每个字符的 Unicode 编码和下一个字符的 Unicode 编码相减，用这个差的绝对值作为 Unicode 编码，对应的字符作为当前位置上字符的加密结果，最后一个字符和第一个字符进行运算。

6. 输入一个字符串，检查该字符串是否为回文(正着读和反着读都一样的字符串)，如果是就输出 Yes，否则输出 No。要求使用切片实现。

第 10 章

应用案例

10.1 ➲ 网络爬虫

网络爬虫，也叫网络蜘蛛（Web Spider）。它根据网页地址（URL）爬取网页内容，而网页地址（URL）就是我们在浏览器中输入的网站链接。比如：https://www.baidu.com/，就是一个 URL。

在讲解爬虫内容之前，我们需要先学习一项写爬虫的必备技能：审查元素。

在浏览器的地址栏输入 URL 地址，在网页处右键单击，在弹出的菜单中选择“检查”选项（不同浏览器的选项名称不同，Chrome 浏览器中为“检查”，Firefox 浏览器中为“查看元素”，但是功能都是相同的），如图 10-1 所示。

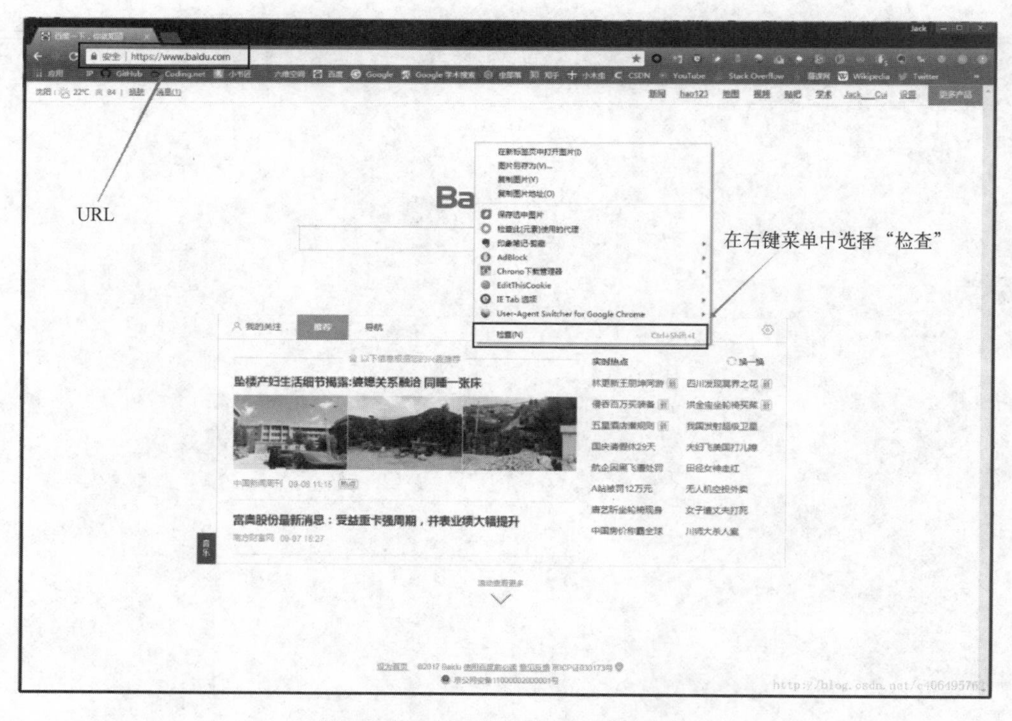

图 10-1　在浏览器中选择“检查”

10.1.1 HTML 与 JavaScript 基础

（1）HTML

我们可以看到，右侧出现了一大堆代码，这些代码就是 HTML。什么是 HTML？举个容易理解的例子：我们的基因决定了我们的原始容貌，服务器返回的 HTML 决定了网站的原始容貌（图 10-2）。

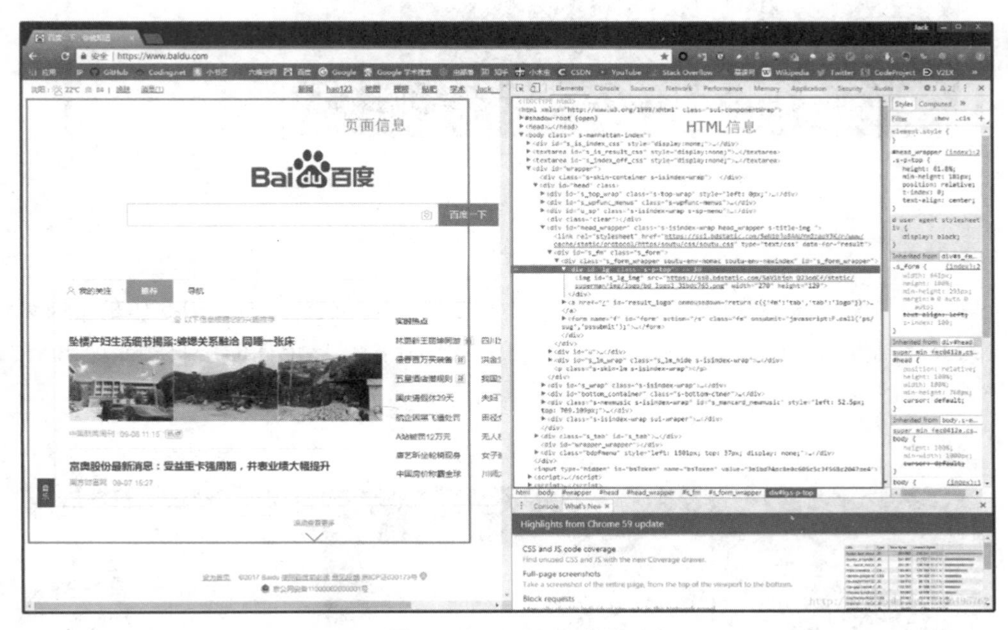

图 10-2　HTML 信息

可以修改页面信息。我们在页面的哪个位置点击审查元素，浏览器就会为我们定位到相应的 HTML 位置，进而就可以在本地更改 HTML 信息（图 10-3）。

图 10-3　修改页面信息

再举个小例子：我们都知道，使用浏览器“记住密码”的功能，密码会变成一堆小黑点，是不可见的。可以让密码显示出来吗？可以，只需给页面“动个小手术”！以淘宝为例，在输入密码框处右击，选择“检查”（图 10-4）。

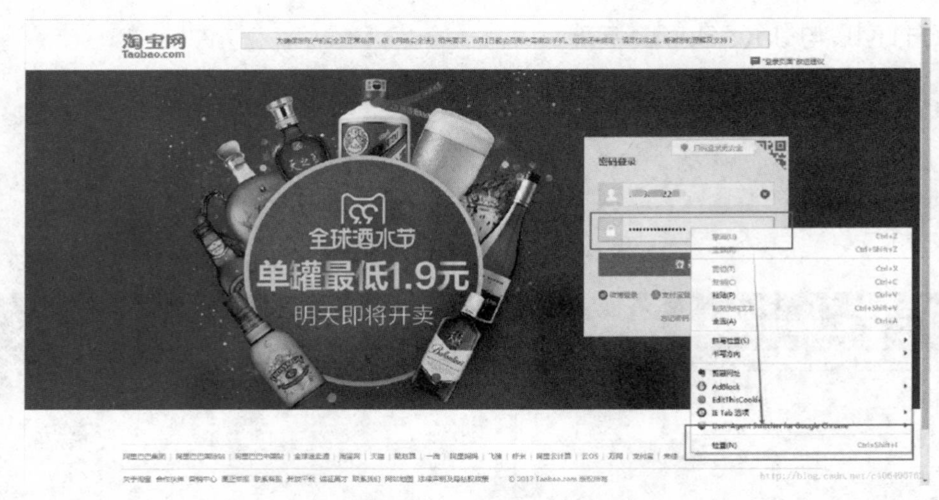

图 10-4　选择“检查”

可以看到，浏览器为我们自动定位到了相应的 HTML 位置。将图 10-5 中的 password 属性值改为 text 属性值（直接在右侧代码处修改），我们让浏览器记住的密码就显现出来了，如图 10-6 所示。

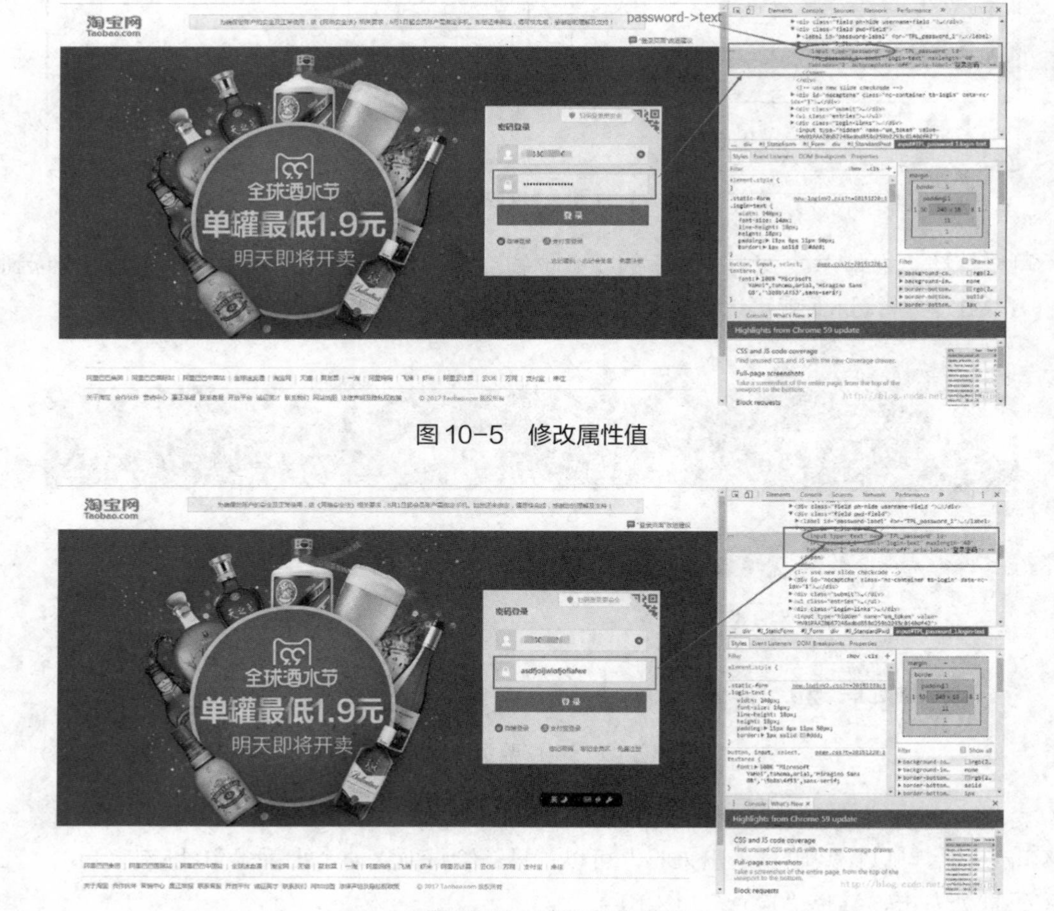

图 10-5　修改属性值

图 10-6　显示密码

浏览器作为客户端从服务器端获取信息，然后将信息解析，并展示给我们。我们可以在本地修改 HTML 信息，为网页“整容”，但是我们修改的信息不会回传到服务器，服务器存储的 HTML 信息不会改变。刷新一下界面，页面还会回到原本的样子。

（2）JavaScript 基础

JavaScript 是运行在客户端的语言。JavaScript 也是一门脚本语言，和 Python 一样，都是解释性语言，即每运行一行代码就解释一行，只不过 JavaScript 的解释器在浏览器内部。

JavaScript 最初被应用是为了处理与表单相关的验证，现在应用就更加广泛了，可以说是几乎无所不能，比如用作服务端开发、命令行工具、桌面程序和游戏开发等。

JavaScript 的组成：

EcmaScript：JavaScript 的核心，定义了 JavaScript 的基本语法和数据类型。

DOM：document odject model，文档对象模型，用于操作网页中的页面元素，比如可以控制相关元素的增删改查。

BOM：browser object model，浏览器对象模型，用于操作浏览器窗口，比如弹出框、控制页面滑动等。

10.1.2 urllib 爬虫案例

第 1 步：

确定公众号文章的地址，以微信公众号“Python 小屋”里的一篇文章为例，文章标题为“报告 PPT：基于 Python 语言的课程群建设探讨与实践”，地址为：

https://mp.weixin.qq.com/s?__biz=MzI4MzM2MDgyMQ==&mid=2247486249&idx=1&sn=a37d079f541b194970428fb2fd7a1ed4&chksm=eb8aa073dcfd2965f2d48c5ae9341a7f8a1c2ae2c79a68c7d2476d8573c91e1de2e237c98534&scene=21#wechat_redirect

第 2 步：

在浏览器（以 Chrome 为例）中打开该文章，然后单击鼠标右键，选择“查看网页源代码”，分析后发现，公众号文章中的图片链接格式为：

<p><img data-s="300, 640" data-type="png" data-src="http://mmbiz. qpic.cn/mmbiz_png/xXrickrc6JT09TThicnuGGR7DtzWtslaBlYS5QJ73u2WpzPW8KX8iaCdWcNYia5YjYpx89K78YwrDamtkxmUXuXJfA/0?wx_fmt=png"style=""class=""data-ratio="0.5580865603644647" data-w="878" /></p>

第 3 步：

根据前面的分析，确定用来提取文章中图片链接的正则表达式：

pattern = 'data-type="png" data-src="(.+?)"'

第 4 步：

编写并运行 Python 爬虫程序，代码如下：

```
from re import findall from urllib.request
import urlopen
url =
'https://mp.weixin.qq.com/s?__biz=MzI4MzM2MDgyMQ==&mid=2247486249&idx=1&sn=a3
```

```
7d079f541b194970428fb2fd7a1ed4&chksm=eb8aa073dcfd2965f2d48c5ae9341a7f8a1c2ae2
c79a68c7d2476d8573c91e1de2e237c98534&scene=21#wechat_redirect'
with urlopen(url) as fp:
content = fp.read().decode()

pattern = 'data-type="png" data-src="(.+?)"'
#查找所有图片链接地址 result = findall(pattern, content)
#逐个读取图片数据，并写入本地文件 for index, item in enumerate(result):
with urlopen(str(item)) as fp:
with open(str(index)+'.png', 'wb') as fp1:
fp1.write(fp.read())
```

10.1.3 request 爬虫案例

下面是通过 urllib 的 request()函数来获取网页信息，现在的 request 库也很方便，不过原理都是一样的。

（1）爬取网页

```
1 import urllib.request
2 # 向指定的 URL 地址发送请求并返回服务器响应的数据（文件的对象）
3 response = urllib.request.urlopen("http://www.baidu.com")
4 # 读取文件的全部内容，会把读到的东西赋值给一个字符串变量
5 data = response.read()
6 print(data)  # 读取得到的数据
7 print(type(data))  # 查看数据类型
8 # 读取一行
9 data = response.readline()
10  # 读取文件的全部内容，赋值给一个列表变量，优先选择
11 data = response.readlines()
12 # print(data)
13 print(type(data[100]))
14 print(type(data[100].decode("utf-8")))  # 转字符串
15 print(len(data))
16 # 将爬取到的网页写入文件
17 with open(r"F:/python_note/爬虫/file/file1.html", "wb") as f:
18 f.write(data)
19 # response 属性
20 # 返回当前环境的有关信息
21 print(response.info())
22 # 返回状态码
23 print(response.getcode())
24 # 200 为正常，304 为有缓存
25 # 返回当前正在爬取的 URL 地址
```

```
26 print(response.geturl())
27 url = "https://www.sogou.com/sgo?query=python学堂
28 &hdq=sogou-wsse-16bda725ae44af3b-0099&lxod=0_16_1_-1_0&lxea=2-1-D-
9.0.0.2502-3-CN1307-0-0-2-E96F3D19F4C66A477CE71FD168DD223D-
62&lxoq=kaigexuetang&lkx=0&ie=utf8"
29 url2 =
r"https%3A//www.sogou.com/sgo%3Fquery%3D%E5%87%AF%E5%93%A5%E5%AD%A6%E5%A0%82%
26hdq%3Dsogou-wsse-16bda725ae44af3b-0099%26lxod%3D0_16_1_-1_0%26lxea%3D2-1-D-
9.0.0.2502-3-CN1307-0-0-2-E96F3D19F4C66A477CE71FD168DD223D-62%26lxoq%3Dkaigex
uetang%26lkx%3D0%26ie%3Dutf8"
30 newurl = urllib.request.quote(url)  # 将含汉字的编码
31 print(newurl)
32 newurl2 = urllib.request.unquote(url2)  # 解码
33 print(newurl2)
34 # 端口号, http  80
35 # https  443
```

（2）爬取到的网页直接写入文件

将网页信息写入文件可以通过上面的方式先爬取然后再写入文件。还有更简便的方法，就是爬取页面的同时写入文件。这并不难，只是一个函数而已。代码如下，filename后面的内容就是需要存储网页信息的文件路径。

```
1 import urllib.request
2 urllib.request.urlretrieve("http://www.baidu.com",
3                            filename=r"F:/python_note/爬虫file/file2.html")
4 # urlretrieve在执行过程中, 会产生一些缓存
5 # 清除缓存
6 urllib.request.urlcleanup()
                else:
even_list.append(i)
          return odd_list+even_list
```

10.1.4 scrapy爬虫案例

（1）爬取赶集网

爬取网站的URL地址，包含以下3个步骤：

① 开始爬取的第一步是先明确需要爬取的目标网址，需要花一些时间了解网站的大致结构，以及明确自己想要获取的数据，并且还需要知道这些数据是通过什么方式展现出来的。这就需要查看网站的源代码，如果网站源代码中没有这些数据，就需要考虑其是否是用ajax等方式发送的。

② 观察切换页面时URL地址的变化规律。

③ 观察详情页URL地址的变化规律，编写代码。

通过“切换城市”链接转到包含所有城市的主页（图10-7）。

图 10-7　切换城市

（2）构建爬虫及代码解读

可以通过 cmd 构建爬虫，也可以直接使用 pycharm 中自带的终端构建爬虫（图 10-8）。

图 10-8　构建爬虫

```
#构建爬虫项目
scrapy startprojectganji_crawl
#构建爬虫
scrapy genspiderganji anshan.ganji.com
```

我们先写好 settings.py 文件，把自己伪装成浏览器，然后再写爬虫。

① settings.py　爬取一些简单的网站，不需要修改那么多，简单改一下就行了。

```
LOG_LEVEL='WARNING' #日志的输出等级，不想看那么多日志信息就可以写成 WARNING
```

```
USER_AGENT = 'Mozilla/5.0 (Windows NT 10.0; WOW64) AppleWebKit/537.36 (KHTML, like Gecko) Chrome/87.0.4280.88 Safari/537.36'#把自己伪装成浏览器

ROBOTSTXT_OBEY = False #不遵从机器人协议

#把注释去掉就行
ITEM_PIPELINES = {
   'erShouFang.pipelines.ErshoufangPipeline': 300,
}
```

USER_AGENT可以随便打开一个网站，按F12键就能找到，不同浏览器的USER_AGENT是不一样的（图10-9）。

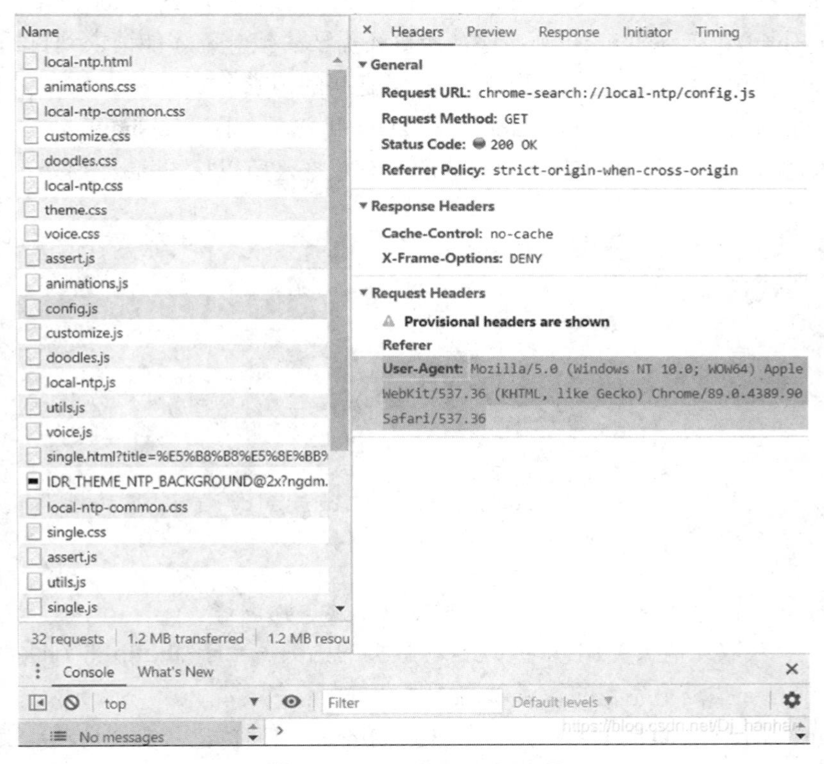

图10-9　USER_AGENT

② ganji.py　通过start_urls对赶集网主页发起请求。重写start_requests()方法，一般不直接用parse()函数，构造一个新函数会更好；这里通过callback回调了一个新的函数parse_province()。

```
import scrapy
import re
from ..items import ErshoufangItem
class GanjiSpider(scrapy.Spider):
   name = 'ganji' #爬虫名，运行的关键参数
start_urls = ['http://www.ganji.com/index.htm']
   def start_requests(self):
```

```
        for urls in self.start_urls:
                yield scrapy.Request(url=urls,callback=self.parse_province)
def parse_province(self,response):
all_city_href = response.xpath('.//div[@class="all-city"]/dl/dd/a/@href').ext
ract()[ :1]  #300个城市中选前1个
      for city_href in all_city_href:
            yield
scrapy.Request(url=city_href+"zufang",callback=self.parse_detail_urls)
```

a. 定义了一个解析主页所有城市超链接的函数，获取到所有城市的超链接。由于条件有限，这里就只获取第一个 URL，如果想获取所有的 URL，可以试着把[:1]这个限制去掉。学到这个思路就可以了。

b. extract()返回的是一个列表，extract_first()返回列表第一个元素，get()返回一个字符串。

c. all_city_href 获取到的 URL 不完整，所以还需要拼接一下才能请求到目标网址。

d. callback 回调函数，通过获取到的 URL 发起新的请求。

e. url = http://anshan.ganji.com/zufang/，zufang=租房，二手房=ershoufang。

通过观察网站，发现详情页有我们需要的所有数据，所以这里直接获取详情页的数据就行了。

```
def parse_detail_urls(self,response):
        print("province_urls:" + response.url)
all_detail_url = response.xpath('.//dd[@class="dd-item title"]/a/@href').extr
act ()
        for detail_url in all_detail_url:
            if "http" in detail_url:
                yield
scrapy.Request(url=detail_url,callback=self.parse_detail)
            if "http" not in detail_url:
                yield
scrapy.Request(url="http:"+detail_url,callback=self.parse_detail)
```

a. 定义一个获取详情页 URL 和实现自动翻页的函数，至于加 http 的判断是因为获取的详情页 URL 中有一些是不完整的，所以需要加个判断。

b. next_url 获取下一页的 URL 地址，通过 callback 回调自己，实现自动翻页，不需要再去看网站有多少页、再写个循环了。

c. 获取到下一页的 URL 地址，如果这个 URL 存在，就说明有下一页（图 10-10）。

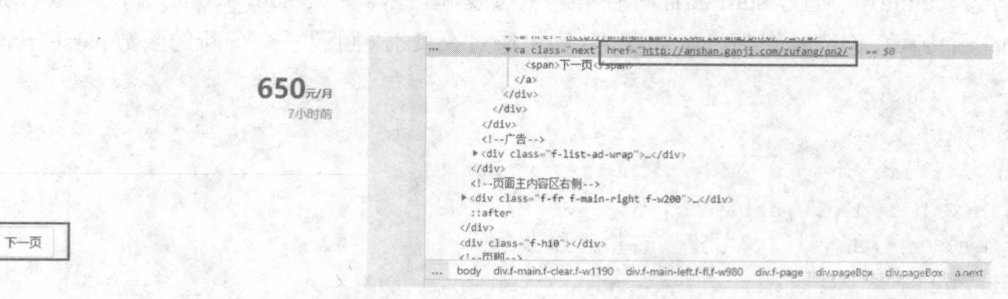

图 10-10　获取 URL 地址

```
def parse_detail(self,response):
        print("detail_ulrs:"+response.url)
        item = ErshoufangItem()  #存储
        item['title'] = response.xpath('normalize-space(.//title/text())').get()
        item['money']  = response.xpath('.//div[@class="price-wrap"]/span[1]
/text()').get()
        item['ya_type']  = response.xpath('.//div[@class="price-wrap"]/span[2]
/text()').get()
        item['huxing']  = response.xpath('.//ul[@class="er-list f-clear"]/li[1]
/span[2]/text()').get()
mianji  = response.xpath('.//ul[@class="er-list f-clear"]/li[2]/span[2]/text()').
get()
        item['zu_type']  =re.findall('\w{2}',mianji)[0]
        item['pingfa']  =re.findall('\w{2}',mianji)[1]
        item['chaoxiang']  = response.xpath('.//ul[@class="er-list f-clear"]/
li[3]/span[2]/text()').get()
louceng = response.xpath('.//ul[@class="er-list f-clear"]/li[4]/span[2]/text
()').get()
        item['cengshu']  = re.findall('\d+',louceng)[0]
        item['zhuangxiu']  = response.xpath('.//ul[@class="er-list f-clear"]
/li[5]/span[2]/text()').get()
        item['xiaoqu']  = response.xpath('.//ul[@class="er-list-two f-clear"]
/li[1]/span[2]/a/span/text()').get()
        item['ditie']  = response.xpath('.//ul[@class="er-list-two f-clear"]
/li[2]/div/span/text()').get()
        item['dizhi']  = response.xpath('normalize-space(.//ul[@class="er-list-
two f-clear"]/li[3]/span[2]/text())').get()
        item['name']  = response.xpath('.//div[@class="user-info-top"]/div
[1]/a/text()').get()
        yield item
```

a. xpath()获取详情页数据。

b. normalize-space()可以直接去掉\n、\t 空格等，不需要再多写代码去空格了。

c. mianji 获取到的数据是“整租 106m^2”，通过正则切分一下，只取数字。

d. louceng 获取到“共 1 层”，通过正则只取数字，到这里就完成了对数据的简单清洗。

③ run.py

```
from scrapy import cmdline
cmdline.execute('scrapy crawl ganji'.split())
```

编写运行的类。

④ items.py　需要存储什么就写什么。

```
class ErshoufangItem(scrapy.Item):
    # define the fields for your item here like:
    title = scrapy.Field()
    money = scrapy.Field()
```

```
ya_type = scrapy.Field()
huxing = scrapy.Field()
zu_type = scrapy.Field()
pingfa = scrapy.Field()
chaoxiang = scrapy.Field()
cengshu = scrapy.Field()
zhuangxiu = scrapy.Field()
xiaoqu = scrapy.Field()
ditie = scrapy.Field()
dizhi = scrapy.Field()
name = scrapy.Field()
```

⑤ pipelines.py

```
class ErshoufangPipeline(object):
   def __init__(self):
       # self.connect = pymysql.connect(host='localhost',user='root',passwd=
'123456',db='ershoufang')
       # self.cursor = self.connect.cursor()
self.file =codecs.open('./zufang.json','w','utf-8')
self.dic = ""
```

a. class ErshoufangPipeline(object):加上（object）。

b. self.connect、self.cursor 定义 MySQL 数据库链接，可以把数据存储到数据库。

c. self.dic = "" 铺垫一下，方便后面存储为字典。

```
def process_item(self, item, spider):
         # sql="""
         # insert into table(title,money) values(%s, %s)
         # """
         # self.cursor.execute(sql,(item['title'],item['money']))
         # self.connect.commit()  #提交
         lines = json.dumps(dict(item),ensure_ascii=False)+",\n"
self.dic+=lines
         return item
     def close_spider(self,spider):
self.file.write("[{0}]".format(self.dic[:-2]))
self.file.close()
         # self.connect.close()
         # self.cursor.close()
```

a. self.file.write("[{0}]".format(self.dic[:-2])) ,写入文件，这样可以转化为 json 格式，不然存储的时候会“爆红”，不是 json 格式。

b. [:-2] 就是不要最后的两个字符串 “,\n” 。

⑥ 前十条数据

```
[{"title": "红岭家园 2室1厅1卫, 鞍千路 -赶集网", "money": "900", "ya_type": "半
年付", "huxing": "2室1厅1卫", "zu_type": "整租", "pingfa": "66", "chaoxiang":
```

"南北", "cengshu": "22", "zhuangxiu": "简单装修", "xiaoqu": "红岭家园", "ditie": "暂无信息", "dizhi": "立山立山广场 -鞍千路", "name": "696882"},
{"title": "华润置地广场 1 室 0 厅 1 卫, 建国大道,近民生西路 -赶集网", "money": "1300", "ya_type": "押一付一", "huxing": "1 室 0 厅 1 卫", "zu_type": "整租", "pingfa": "50", "chaoxiang": "西", "cengshu": "27", "zhuangxiu": "精装修", "xiaoqu": "华润置地广场", "ditie": "暂无信息", "dizhi": "铁东二一九 -建国大道,近民生西路", "name": "置家"},
{"title": "解放西路 52 号小区 1 室 1 厅 1 卫, 解放西路 52 乙号 -赶集网", "money": "400", "ya_type": "年付", "huxing": "1 室 1 厅 1 卫", "zu_type": "整租", "pingfa": "40", "chaoxiang": "南北", "cengshu": "6", "zhuangxiu": "简单装修", "xiaoqu": "解放西路 52 号小区", "ditie": "暂无信息", "dizhi": "铁西九街口 -解放西路 52 乙号", "name": "hbjes_au6"},
{"title": "铁东一道街 3 室 2 厅 1 卫 -赶集网", "money": "1000", "ya_type": "半年付", "huxing": "3 室 2 厅 1 卫", "zu_type": "整租", "pingfa": "86", "chaoxiang": "东西", "cengshu": "6", "zhuangxiu": "简单装修", "xiaoqu": null, "ditie": "暂无信息", "dizhi": "铁东站前", "name": "王先生"},
{"title": "调军台小区 1 室 1 厅 1 卫, 鞍千路 -赶集网", "money": "950", "ya_type": "押一付三", "huxing": "1 室 1 厅 1 卫", "zu_type": "整租", "pingfa": "55", "chaoxiang": "东南", "cengshu": "17", "zhuangxiu": "精装修", "xiaoqu": "调军台小区", "ditie": "暂无信息", "dizhi": "立山立山广场 -鞍千路", "name": "吴女士"},
{"title": "烈士山社区 1 室 1 厅 1 卫, 胜利南路 26 号 -赶集网", "money": "350", "ya_type": "年付", "huxing": "1 室 1 厅 1 卫", "zu_type": "整租", "pingfa": "50", "chaoxiang": "西北", "cengshu": "8", "zhuangxiu": "简单装修", "xiaoqu": "烈士山社区(民生东路北)", "ditie": "暂无信息", "dizhi": "铁东二一九 -胜利南路 26 号", "name": "蓝眼泪 335"},
{"title": "中天社区 3 室 2 厅 1 卫, 铁东二道街 -赶集网", "money": "1500", "ya_type": "年付", "huxing": "3 室 2 厅 1 卫", "zu_type": "整租", "pingfa": "15", "chaoxiang": "东南", "cengshu": "6", "zhuangxiu": "精装修", "xiaoqu": "中天社区", "ditie": "暂无信息", "dizhi": "铁东站前 -铁东二道街", "name": "宁女士"},
{"title": "联盟社区 3 室 0 厅 1 卫, 联盟街 11 号 -赶集网", "money": "500", "ya_type": "半年付", "huxing": "3 室 0 厅 1 卫", "zu_type": "整租", "pingfa": "73", "chaoxiang": "南北", "cengshu": "7", "zhuangxiu": "简单装修", "xiaoqu": "联盟社区 ", "ditie": "暂无信息", "dizhi": "铁东烈士山 -联盟街 11 号", "name": "张女士"},
{"title": "红星小区 2 室 1 厅 1 卫, 红星南街 22 号 -赶集网", "money": "375", "ya_type": "押一付三", "huxing": "2 室 1 厅 1 卫", "zu_type": "整租", "pingfa": "68", "chaoxiang": "南", "cengshu": "6", "zhuangxiu": "简单装修", "xiaoqu": "红星小区 ", "ditie": "暂无信息", "dizhi": "海城永安路 -红星南街 22 号", "name": "杨迎女士"},
{"title": "港丽花园 1 室 1 厅 1 卫, 解放东路 150 号 -赶集网", "money": "1200", "ya_type": "半年付", "huxing": "1 室 1 厅 1 卫", "zu_type": "整租", "pingfa": "38", "chaoxiang": "南", "cengshu": "33", "zhuangxiu": "精装修", "xiaoqu": "港丽花园", "ditie": "暂无信息", "dizhi": "铁东解放路 -解放东路 150 号", "name": "女士"},

10.1.5 selenium 爬虫案例

应用背景：在豆瓣电影的搜索框中自动填入电影名，之后自动获取电影的评价人数，最后将信息写入 CSV 文件。

（1）代码展示

```
#coding:utf-8
import sys
import os
from  selenium import webdriver
from bs4 import BeautifulSoup as bs
import xlrd
import csv
os.chdir(r'C:\Users\Administrator\Desktop')
sys.setrecursionlimit(9000)  #设置最大递归深度为 9000

#自动获取电影的评论数
#para:电影名
def getRemark(movie_name):
    option = webdriver.ChromeOptions()
option.add_argument('head')#“有头”模式，即可以看到浏览器界面，若要隐藏浏览器，可设置为
"headless"
dr = webdriver.Chrome(chrome_options = option)#得到操作对象
dr.get('https://movie.douban.com/')#打开豆瓣电影
dr.find_element_by_id('inp-query').send_keys(movie_name)#找到输入框并填写电影名
dr.find_element_by_class_name('inp-btn').click()#找到搜索按钮并点击
try:
dr.find_element_by_partial_link_text(movie_name).click()#找到包含电影名的最近链接
并点击，打开电影具体信息页面
        soup = bs(dr.page_source, 'lxml')#page_source 得到当前网页的源代码
dr.quit()#关闭浏览器
            return soup.select_one('.rating_sum').text
    except:
            return 'null'
```

（2）将信息写入 CSV 文件（图 10-11、图 10-12）

```
def write(name):
    count = getRemark(name)
    print(name, count)
    with open('remark.csv', 'a+', newline = '\n')as f:
         w = csv.writer(f)
w.writerow([name, count])



if __name__ == '__main__':
```

```
names = ['战狼2', '红海行动']#电影名列表
print('----------------------开始自动化测试------------------------')
for n in names:
    write(n)
print('--------------------测试完成-------------------------------')
```

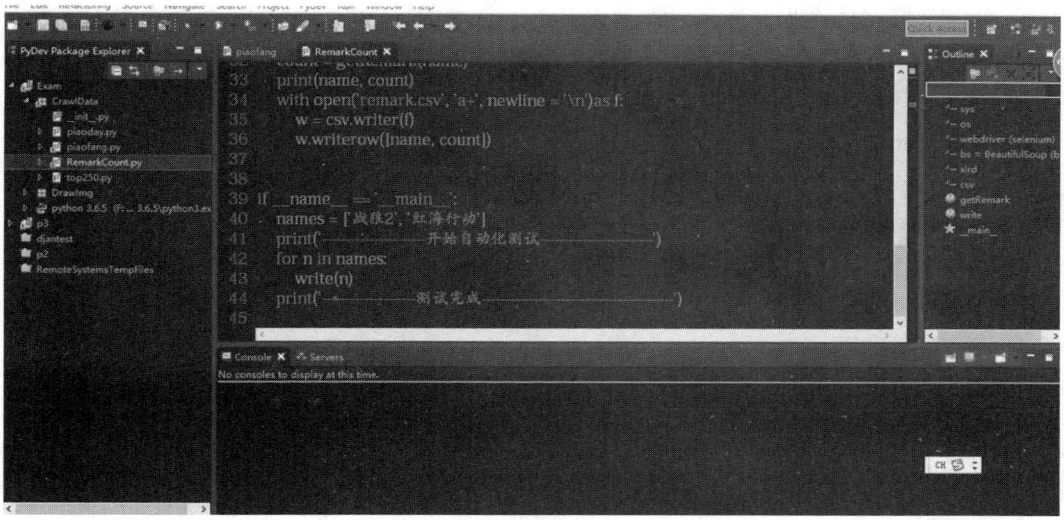

图 10-11 写入代码

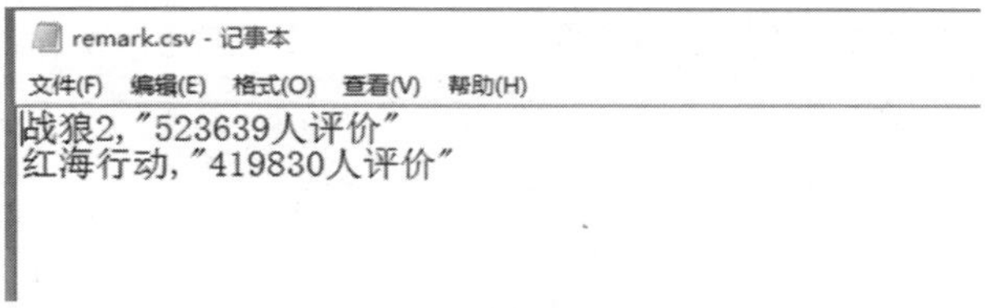

图 10-12 写入文件

10.2 数据可视化

数据可视化，是指将相对晦涩的数据通过可视的、交互的方式进行展示，从而形象、直观地表达数据蕴含的信息和规律。在数据分析中最好的展示数据的方式就是形象地绘制对应的图像，让人能够更好地理解数据。什么样的数据、什么样的场景用什么样的图表都是有相应的规定的。数据可视化不仅仅是统计图表。本质上，任何能够借助于图形的方式展示事物原理、规律、逻辑的方法都叫数据可视化。数据可视化不仅是一门包含各种算法的技术，还是一个具有方法论的学科。一般而言，完整的可视化流程包括以下内容：

① 可视化输入：包括可视化任务的描述，数据的来源与用途，数据的基本属性、概念模型等；

② 可视化处理：对输入的数据进行各种算法加工，包括数据清洗、筛选、降维、聚类等操作，并将数据与视觉编码进行映射；

③ 可视化输出：基于视觉原理和任务特性，选择合理的生成工具和方法，生成可视化作品。

10.2.1 Matplotlib 简介

Matplotlib 是非常强大的 Python 画图工具。Matplotlib 可以画折线图、散点图、等高线图、条形图、柱形图、3D 图形、图形动画等。

（1）Matplotlib 安装

```
pip3 install matplotlib   #python3
```

（2）Matplotlib 引入

```
import matplotlib.pyplot as plt   #为方便，简写为 plt
import numpyas np   #画图过程中会使用 Numpy
import pandas as pd   #画图过程中会使用 pandas
```

10.2.2 绘制基础图表

（1）散点图（图 10-13）

```
n=1024
X=np.random.normal(0,1,n)#每一个点的 X 值
Y=np.random.normal(0,1,n)#每一个点的 Y 值
T=np.arctan2(Y,X)#arctan2 返回给定的 X 和 Y 值的反正切值
#画散点图,size=75'颜色为 T'透明度为 50%'利用 xticks 函数来隐藏 x 坐标轴
plt.scatter(X,Y,s=75,c=T,alpha=0.5)
plt.xlim(-1.5,1.5)
plt.xticks(())#忽略 xticks
plt.ylim(-1.5,1.5)
plt.yticks(())#忽略 yticks
plt.show()
```

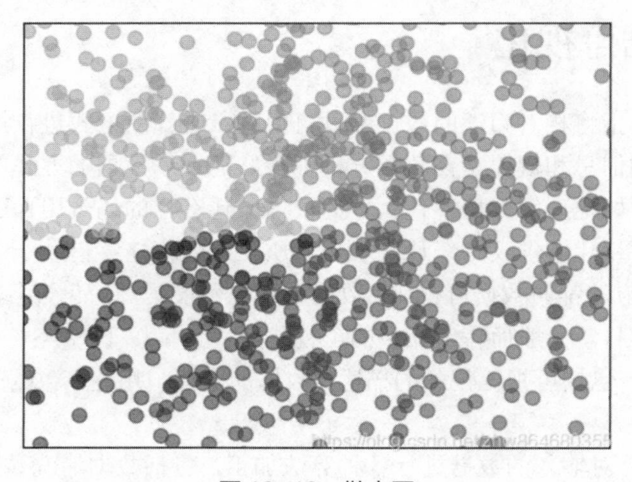

图 10-13　散点图

（2）折线图（图 10-14）

```
x1=range(0,10,1)
y1= [10,12,14,17,20,25,30,35,37,40]
plt.plot(x1,y1,linewidth=3,color='r',marker='o',markerfacecolor='blue',marker
size=1)
plt.show()
```

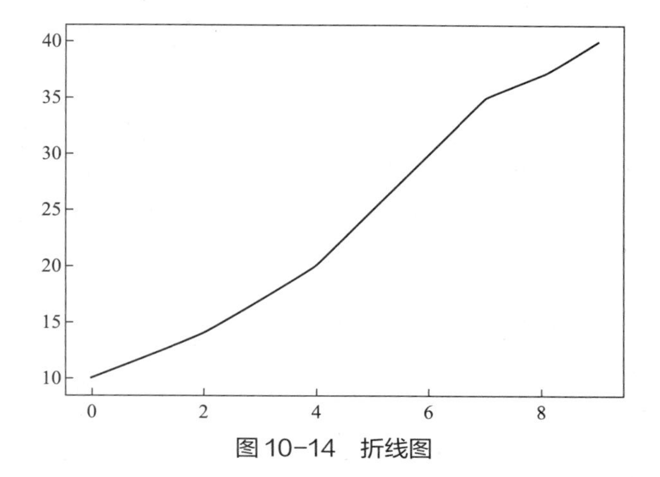

图 10-14　折线图

（3）条形图

基本图形如图 10-15 所示。

```
#基本图形
n=12 X=np.arange(n)
Y1=(1-X/float(n))*np.random.uniform(0.5,1,n)
Y2=(1-X/float(n))*np.random.uniform(0.5,1,n)
plt.bar(X,+Y1,facecolor='#9999ff',edgecolor='white')
plt.bar(X,-Y2,facecolor='#ff9999',edgecolor='white')
plt.show()
```

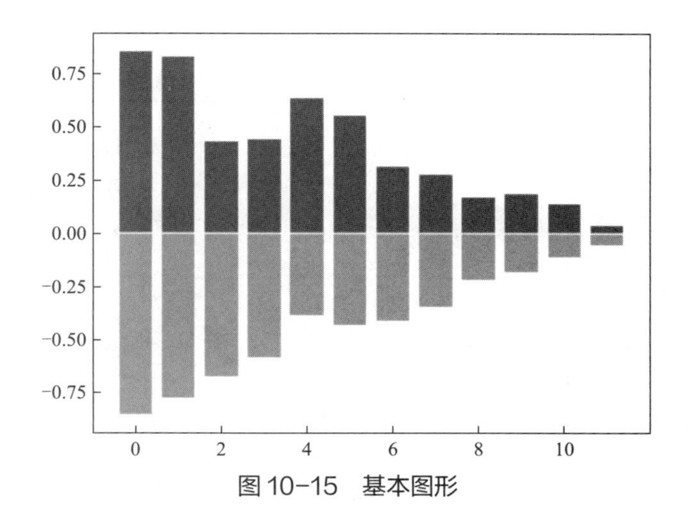

图 10-15　基本图形

标记值如图 10-16 所示。

```
#基本图形
n=12
X=np.arange(n)
Y1=(1-X/float(n))*np.random.uniform(0.5,1,n)
Y2=(1-X/float(n))*np.random.uniform(0.5,1,n)plt.bar(X,+Y1,facecolor='#9999ff',
edgecolor='white')
plt.bar(X,-Y2,facecolor='#ff9999',edgecolor='white')
```

```
#标记值
for x,y in zip(X,Y1):#zip表示可以传递两个值
plt.text(x,y+0.05,'%.2f'%y,ha='center',va='bottom')#ha表示横向对齐,bottom表示向
下对齐
forx,y in zip(X,Y2):
plt.text(x,-y-0.05,'%.2f'%y,ha='center',va='top')
    plt.xlim(-0.5,n)
    plt.xticks(())#忽略xticks
plt.ylim(-1.25,1.25)
    plt.yticks(())#忽略yticks
plt.show()
```

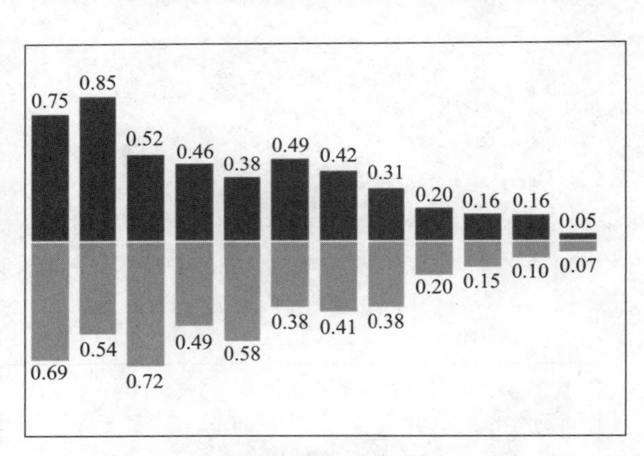

图 10-16　标记值

（4）饼状图（图 10-17）

```
#调节图形大小，宽，高
plt.figure(figsize=(6,9))
#定义饼状图的标签，标签是列表
labels = ['1','2','3']
#每个标签占多大，会自动去算百分比
sizes = [60,30,10]

#startangle，起始角度 0，表示从 0 开始逆时针转，为第一块。一般选择从 90 度开始比较好看
#pctdistance，百分比的 text（文本）离圆心的距离
```

```
#patches, l_texts, p_texts, 为了得到饼图的返回值, p_texts 饼图内部文本的, l_texts 饼图外 label 的文本

colors = ['red','yellowgreen','lightskyblue']
#将某部分爆炸出来, 使用括号, 将第一块分割出来, 数值的大小是分割出来的与其他两块的间隙
explode = (0.05,0,0)
#labeldistance, 文本的位置离远点有多远, 1.1 指 1.1 倍半径的位置
#autopct, 圆里面的文本格式, %3.1f%%表示小数有三位、整数有一位的浮点数
#shadow, 饼是否有阴影

patches,l_text,p_text = plt.pie(sizes,explode=explode,labels=labels,colors=
colors,
labeldistance = 1.1,autopct = '%3.1f%%',shadow = False,
startangle = 90,pctdistance = 0.6)
#改变文本的大小
#方法是把每一个 text 遍历。调用 set_size()方法设置它的属性
for t in l_text:
t.set_size=(30)
for t in p_text:
t.set_size=(20)
#设置 x, y 轴刻度一致, 这样饼状图才能是圆的
plt.axis('equal')
plt.legend()
plt.show()
```

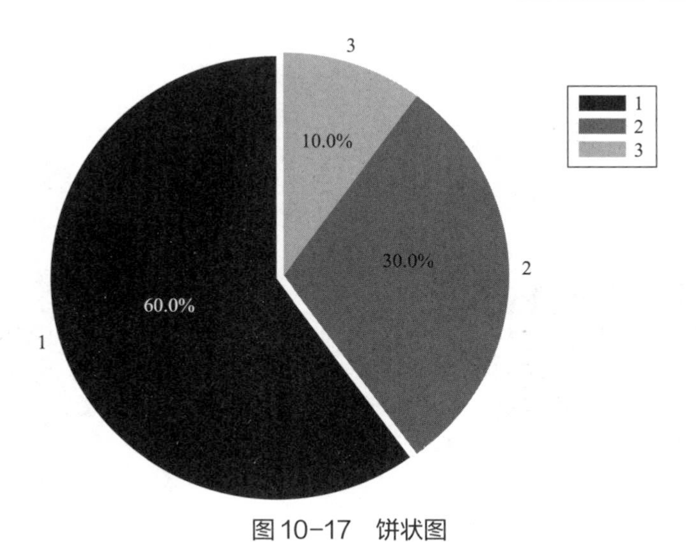

图 10-17　饼状图

（5）绘制正弦曲线（图 10-18）

```
x = np.linspace(0, 2 * np.pi, 1000)
#计算每个样本对应的正弦值
y = np.sin(x)
```

```
#绘制折线图(线条形状为--，颜色为蓝色)
plt.plot(x, y, '--b')
plt.ylim(-1,1)
plt.xlim(0,10)
```

```
#移动坐标轴
ax=plt.gca()
#边框属性设置为 none,不显示 'right'、'left'、'top'、'bottom'
ax.spines['right'].set_color('none')
ax.spines['top'].set_color('none')
ax.xaxis.set_ticks_position('bottom')#使用 xaxis.set_ticks_position 设置 x 坐标刻度数字或名称的位置所有属性为 top、bottom、both、default、none
ax.spines['bottom'].set_position(('data', 0))#使用.spines 设置边框 x 轴；使用.set_position()设置边框位置，y=0 位置所有属性为 outward、axes、data
ax.yaxis.set_ticks_position('left')
ax.spines['left'].set_position(('data',0))#坐标中心点在(0,0)位置
plt.show()
```

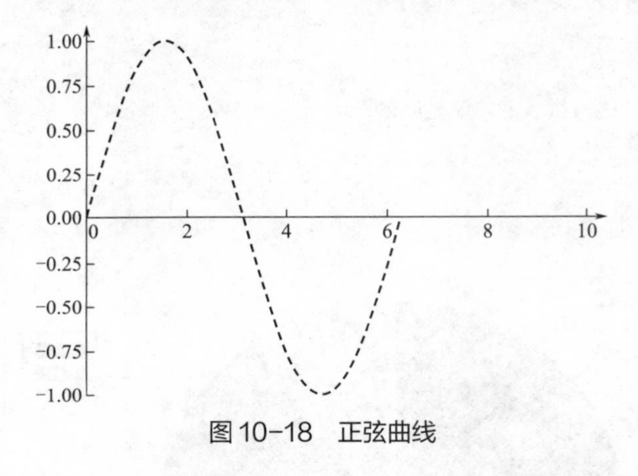

图10-18　正弦曲线

（6）Image 图片

利用 Matplotlib 打印出图像（图 10-19）。

```
a = np.array([0.313660827978, 0.365348418405, 0.423733120134,
0.365348418405, 0.439599930621, 0.525083754405,
0.423733120134, 0.525083754405, 0.651536351379]).reshape(3,3)
#origin='lower'代表的就是选择的原点位置
plt.imshow(a,interpolation='nearest',cmap='bone',origin='lower')#cmap 为 color map
plt.colorbar(shrink=.92)#右边颜色说明 shrink 参数是将图片长度变为原来的 92%
plt.xticks(())
plt.yticks(())
plt.show()
```

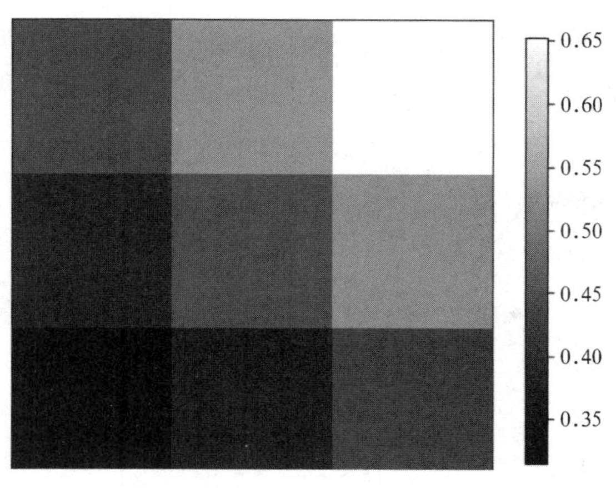

图 10-19 Image 图片

10.2.3 设置图例

（1）Matplotlib 基本画图应用（图 10-20）

```
x=np.linspace(-1,1,50)#定义 x 数据范围
y=2*x+1#定义 y 数据范围
plt.figure()#定义一个图像窗口
plt.plot(x,y)#画出曲线
plt.show()#显示图像
```

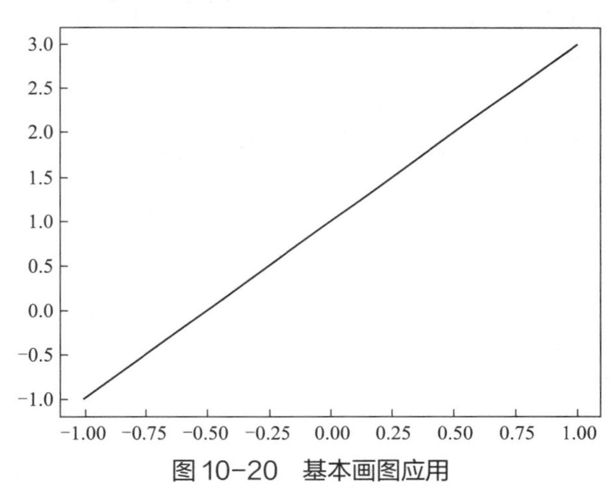

图 10-20 基本画图应用

（2）figure 图像

Matplotlib 的 figure 为单独图像窗口，小窗口内还可以有更多的小图片（图 10-21）。

```
x=np.linspace(-3,3,50)#50 为生成的样本数
y1=2*x+1
y2=x**2
plt.figure(num=1,figsize=(8,5))#定义编号为 1，大小为(8,5)
plt.plot(x,y1,color='red',linewidth=2,linestyle='--')#颜色为红色，线宽度为 2，线风
格为--
```

```
plt.plot(x,y2) #进行画图
plt.show()     #显示图
```

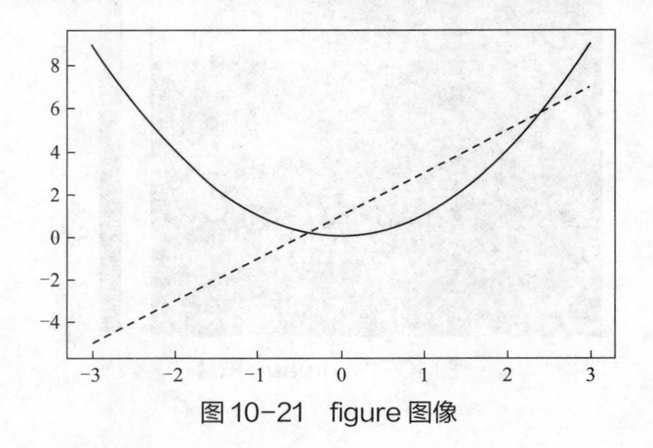

图 10-21 figure 图像

（3）设置坐标轴（图 10-22）

```
x=np.linspace(-3,3,50)#50 为生成的样本数
y1=2*x+1
y2=x**2
plt.figure(num=1,figsize=(8,5))#定义编号为 1，大小为(8,5)
plt.plot(x,y1,color='red',linewidth=2,linestyle='--')#颜色为红色，线宽度为 2，线风格为--
plt.plot(x,y2) #进行画图
plt.xlim(-1,2)  #设置 x 轴最值
plt.ylim(-2,3)  #设置 y 轴最值
plt.xlabel("I'm x")  #设置 x 轴标签
plt.ylabel("I'm y")  #设置 y 轴标签
```

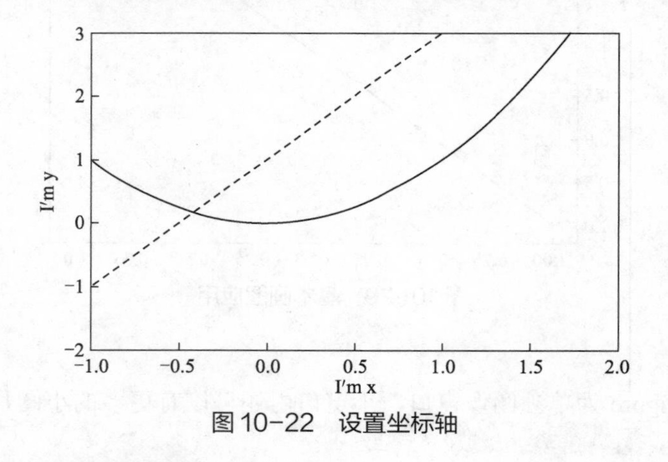

图 10-22 设置坐标轴

（4）自定义坐标轴（图 10-23）

```
x=np.linspace(-3,3,50)#50 为生成的样本数
y1=2*x+1
y2=x**2
plt.figure(num=1,figsize=(8,5))#定义编号为 1，大小为(8,5)
```

```
plt.plot(x,y1,color='red',linewidth=2,linestyle='--')#颜色为红色，线宽度为 2，线风格为--
plt.plot(x,y2) #进行画图
plt.xlim(-1,2)  #设置 x 轴最值
plt.ylim(-2,3)  #设置 y 轴最值
plt.xlabel("I'm x")  #设置 x 轴标签
plt.ylabel("I'm y")  #设置 y 轴标签
new_ticks=np.linspace(-1,2,5)#小标从-1 到 2 分为 5 个单位
print(new_ticks)
#[-1.   -0.25  0.5   1.25  2.  ]
plt.xticks(new_ticks)#进行替换新下标
plt.yticks([-2,-1,1,2,],
        [r'$really\ bad$','$bad$','$well$','$really\ well$'])
plt.show()      #显示图
```

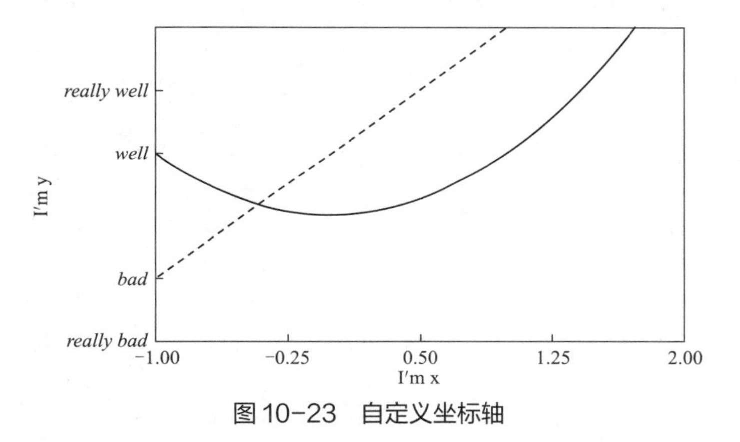

图 10-23　自定义坐标轴

（5）添加图例

Matplotlib 中 legend 图例帮助我们展示数据对应的图像名称（图 10-24）。

```
x=np.linspace(-3,3,50)
y1=2*x+1
y2=x**2
plt.figure(num=2,figsize=(8,5))
plt.xlim(-1,2)
plt.ylim(-2,3)
new_ticks=np.linspace(-1,2,5)#下标从-1 到 2 分为 5 个单位
plt.xticks(new_ticks)#进行替换新下标
plt.yticks([-2,-1,1,2,],
              [r'$really\ bad$','$bad$','$well$','$really\ well$'])

l1,=plt.plot(x,y1,color='red',linewidth=2,linestyle='--',label='linear line')
l2,=plt.plot(x,y2,label='square line')#进行画图
plt.legend(loc='best')#显示在最好的位置
plt.show()#显示图
```

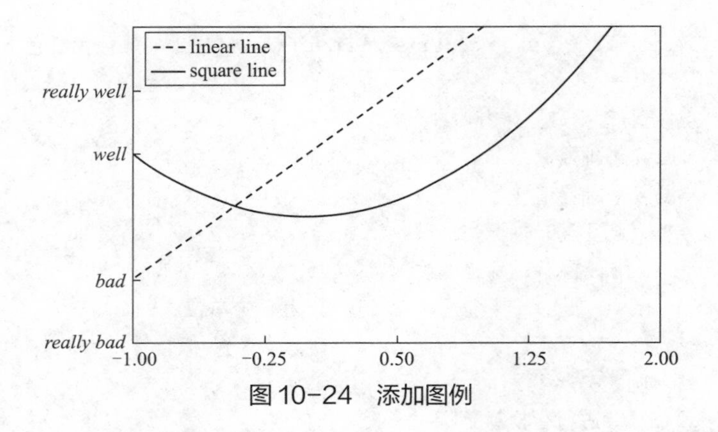

图10-24　添加图例

调整位置和名称，单独修改 label 信息，可以在 plt.legend()中输入更多参数。

```
plt.legend(handles=[l1, l2], labels=['up', 'down'],  loc='best')
#loc 有很多参数其中 best 自分配最佳位置
'''
'best' : 0,
 'upper right'  : 1,
 'upper left'   : 2,
 'lower left'   : 3,
'lower right'  : 4,
'right'        : 5,
'center left'  : 6,
'center right' : 7,
'lower center' : 8,
'upper center' : 9,
 'center'       : 10,
 '''
```

另一例参考代码如下：

```
from random import choices
import matplotlib pyplot as plt
#创建轴域，设置左边距、下边距、宽度、高度
ax=plt.axes([0.1,0.2,0.8,0.7])#每个柱的位置、高度、刻度标签、颜色 x=range(5,30,5)
y=choices(range(1000,2000),k=5)
x _ticks = list('abcde')
colors =('yellowgreen','pink','red','blue','green')#绘制每个柱
for xx, yy, cc, tick in zip(x,y,colors,x _ticks):
ax.bar(xx,yy,width=3,color=cc,label=tick)
plt.xlabel('x')
plt.ylabel('y')
plt.xticks(x,x ticks)
plt.title('Title')
#设置并显示图例，位于轴域下方
plt.legend(loc='upper left',
bbox to anchor=(02,-0.1) ncol=len(x))
#显示图形 plt.show()
```

运行结果如图 10-25 所示。

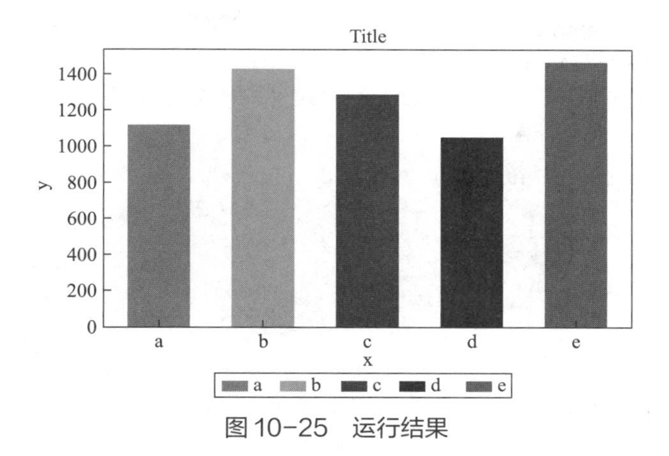

图 10-25　运行结果

10.3 ➲ 游戏开发

10.3.1　概述

欢迎来到游戏项目环节。Python 功能众多，你已尝试使用了几个，现在该大干一场了。在本章中，你将学习如何使用 pygame，这个扩展让你能够使用 Python 编写功能齐全的全屏游戏。pygame 虽然易于使用，功能却非常强大。它由多个组件组成，pygame 文档（参见 pygame 官网 http://pygame.org）做了详尽的介绍。本章将介绍“贪吃蛇”游戏的编写。

10.3.2　“贪吃蛇”

大家应该都玩过“贪吃蛇”游戏。这里，我们用 Python 编写一个“贪吃蛇”游戏。所有的游戏最主要的内容都是程序的内循环，这才是保证一个游戏能够正常运行的前提。以下是编写“贪吃蛇”小游戏的主要思路（图 10-26）。

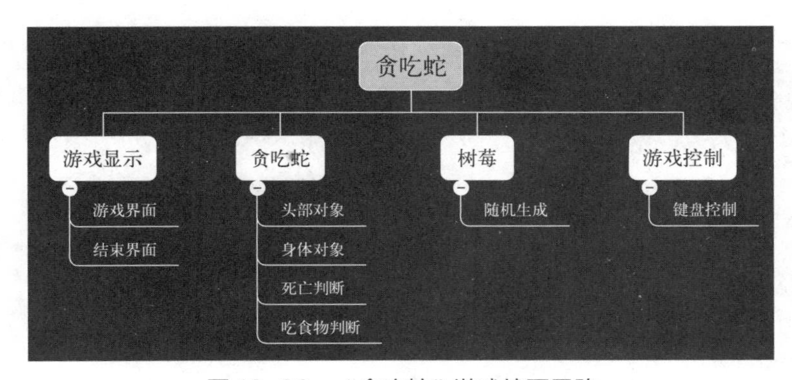

图 10-26　“贪吃蛇”游戏编写思路

（1）调用库以及初始设置

① 调用第三方库　Python 与其他语言很不一样的一点，在于它有很多的第三方库可以调用。用 Python 编写游戏时，pygame 是一个很简单上手的第三方库，可以通过 pip 命令直接安装。安装方法在之前的章节中已经讲过，不再赘述。想要了解更多 pygame 功能也可以查阅官方的文档。

下面是编写“贪吃蛇”时我们需要调用的库。

```
import pygame
import sys
import time
import random
from pygame.locals import *
```

② 初始设置　我们通过这几行代码来初始化 pygame，定义窗口（边界）的大小、窗口的标题和图标。

```
#初始化 pygame pygame.init()
fpsClockpygame.time.Clock()
#创建 pygame 显示层
playSurface= pygame.display.set mode((640,480))#定义标题
pygame.display.set_caption('Snake Go!')#加载资源图片，game.ico 包含在最后的文件中
image=pygame.image.load('game.ico')#设置图标
pygame.display.seticon(image)
```

③ 定义颜色变量　由于我们需要用到一些颜色，而 Python 是不自带颜色的，所以我们需要定义几个颜色。

```
redColour=pygame.Color(2550,0)
blackColour=pygame.Color(0,0,0)
whiteColour = pygame.Color(255,255,255)
greyColour=pygame.Color(150,150,150)
LightGrey=pygame.Color(220,220,220)
```

（2）gameOver()

之前提到，所有游戏最重要的部分是循环。而 gameOver()函数就是跳出这个循环的条件。这里给出当蛇吃到自己身体或者碰到边界时显示的界面（判断死亡的代码会在之后展示）。

```
#定义 gameOver 函数
def gameOver(playSurface,score):
#显示 GAME  OVER 并定义字体以及大小
gameOverFont pygame.font.Font('arial.ttf'72)
gameOverSurf=gameOverFont.render('Game Over,True,greyColour)
gameOverRect=gameOverSurf.get rect() gameOverRectmidtop=(320, 125)
playSurface.blit(gameOverSurf, gameOverRect)#显示分数并定义字体和大小
scoreFont=pygame.font.Font(arial.ttf, 48)
scoreSurf=scoreFont.render('SCORE:+str(score),True,greyColour)
scoreRect-scoreSurf.get rect() scoreRectmidtop(320, 225)
playSurfaceblit(scoreSurf,scoreRect)
pygamedisplayflip()time.sleep(5)
pygame.quit()
sys.exit()
```

（3）贪吃蛇与树莓

接下来介绍游戏的主题部分，即贪吃蛇与蛇莓的显示以及运动。

① 定义初始位置　我们将整个界面看成许多 20×20 的小方块，每个方块代表一个单位，蛇的长度可以用几个单位表示。这里蛇的身体用列表的形式存储，方便之后的删减。

```
#初始化变量
snakePosition[100,100] #蛇头位置
snakeSegments=[[100,100],[80,100],[60,100]] #初始长度为 3 个单位
raspberryPosition=[300, 300]#树莓位置
raspberrySpawned=1#树莓个数
direction='right'#初始方向
changeDirection=direction
score = #初始分数
```

② 键盘输入判断蛇的运动　我们需要通过键盘输入的上、下、左、右键（或 W、A、S、D 键）来控制蛇的运动，同时加入按下 Esc 键就退出游戏的功能。

```
#检测如按键等 pygame 事件
for event in pygame.event.get():
     if event.type QUIT:
        pygame.quit()
        sys.exit()
   elif event.type KEYDOWN:
   #判断键盘事件
      if event.key K RIGHT event.key ord('d'):
           changeDirection='right'
      if event.key=K LEFT or event.key ord('a'):
           changeDirection='left'
      if event.key=K UP or event.key ord('w'):
           changeDirection 'up'
      if event.key=K DOWN or event.key ord('s'):
           changeDirection='down'
      if event key= K ESCAPE: 按 Esc 键退出游戏
           pygame.event.post(pygame.event.Event(QUIT))
```

“贪吃蛇”运动有一个特点：不能反方向运动。所以我们需要加入限制条件。

```
#判断是否输入了反方向
if changeDirection='right'and not direction 'left':
    direction=changeDirection
if changeDirection='left' and not direction 'right':
    direction=changeDirection
if changeDirection='up'and not direction 'down' :
    direction=changeDirection
if changeDirection='down'and not direction up "
    direction=changeDirection
```

接下来就是将蛇头按照键盘的输入进行转弯操作，并将蛇头当前的位置加入蛇身的列表中。

```
#根据方向移动蛇头的坐标 if direction ='right':
snakePosition[0]+=20 if direction='left':
snakePosition[0]-=20 if direction='up':
snakePosition[1]-=20 if direction='down':
snakePosition[1]+=20
#将蛇头的位置加入列表之中
snakeSegments.insert(0, list(snakePosition))
```

③ 判断是否吃到树莓　如果蛇头与树莓的方块重合，则判定吃到树莓，将树莓数量清零；而没吃到树莓的话，蛇身就会跟着蛇头运动，蛇身的最后一节将被踢出列表。

```
#判断是否吃掉了树莓
if snakePosition[0] == raspberryPosition[e] and
snakePosition[1]==raspberryPosition[1]:
   raspberrySpawned=0
else:
   snakeSegments.pop()#每次将最后一单位蛇身踢出列表
```

④ 重新生成树莓　当树莓数量为0时，重新生成树莓，同时分数增加。

```
#如果吃掉树莓，则重新生成树莓
if raspberrySpawned==0:
x=random.randrange(132) y=random.randrange(1, 24)
raspberryPosition=[int(x*20), int(y*20)1 raspberrySpawned=1 score+=1
```

⑤ 刷新显示层　每次蛇与树莓的运动，都会通过刷新显示层的操作来显示，有点类似于动画的“帧”。

```
#绘制pygame显示器
playSurface.fill(blackColour)
for position in snakeSegments[1:]: #蛇身为白色
   pygame.draw.rect(playSurface, whiteColour, Rect(position[e], position[1],
20, 20))
pygame.draw.rect(playSurface,LightGrey,Rect(snakePosition[0],
snakePosition[1], 28, 20)) #蛇头为灰色
pygame.draw.rect(playSurface,
redColour,Rect(raspberryPosition[e],raspberryPosition[1], 20, 20)) #树莓为红色，
#刷新pygame显示
pygame.display.flip()
```

⑥ 判断是否死亡　当蛇头超出边界或者蛇头与自己的蛇身重合时，蛇死亡，调用gameOver()。

```
#判断是否死亡
if snakePosition[0]>620 or snakePosition[0]<0:#超出左右边界
    gameOver(playSurface,score)
if snakePosition[1] >460 or snakePosition[1]<0:#超出上下边界
    gameOver(playSurface,score)
for snakeBody in snakeSegments[1:]::#蛇碰到自己身体
```

```
    if snakePosition[0]==snakeBody[0] and snakePosition[1] snakeBody[1]:
gameOver(playSurface,score)
```

⑦ 控制游戏速度　为了增加难度，我们设置蛇身越长速度越快，直到达到一个上限。

```
#控制游戏速度，长度越长速度越快
If  len(snakeSegments) < 40:
    speed =6+len(snakeSegments)//4
else:
    speed=16
fpsClock.tick(speed)
```

习题

1. 使用正则表达式获取 51job 职位信息。
2. 使用正则表达式爬取智联招聘。
3. 使用 requests()和 BeautifulSoup()爬取豆瓣电影 Top250。
4. 使用 requests()和 BeautifulSoup()爬取西刺代理网站。
5. 利用 Matplotlib 库文件，画出函数 y=x^2 的图形。结合图中的颜色标出横纵坐标。
6. 利用 Matplotlib 库文件，画出函数 y=cos(2πx)的图形。结合图中的颜色标出横纵坐标。
7. 利用 Matplotlib 库文件，结合阶梯图函数 plt.step()画出函数 y=sin(x)的图形。

参考文献

[1] 董付国. Python 程序设计基础与应用[M]. 北京：机械工业出版社，2018.
[2] 蔡庋，等. Python 程序设计[M]. 上海：上海交通大学出版社，2020.
[3] 沈涵飞. Python 3 程序设计实例教程[M]. 北京：机械工业出版社，2021.